Sommerfeld

Mathematik
Grundkenntnisse für Betriebswirte

Professor Johannes Sommerfeld

Mathematik
Grundkenntnisse für Betriebswirte

Betriebswirtschaftlicher Verlag Dr. Th. Gabler · Wiesbaden

ISBN-13: 978-3-409-30071-1 e-ISBN-13: 978-3-322-87460-3
DOI: 10.1007/978-3-322-87460-3

In unserer Zeit wird immer häufiger die Mathematik zur Lösung betrieblicher Fragen herangezogen. Auch in der Volkswirtschaftslehre bevorzugt man mehr und mehr die mathematische Darstellungsform. Der moderne Betriebswirt kann sich diesem Trend nicht verschließen. Die Mathematik ist für ihn heute eine notwendige Hilfswissenschaft.

Das Buch trägt diesen Umständen Rechnung. Um auch dem mathematisch weniger vorgebildeten Leser die Möglichkeit zur Erarbeitung dieses Stoffgebietes zu geben, beginnt dieser Beitrag mit den Grundrechenoperationen. Darauf aufbauend werden die Potenzrechnung und ihre Umkehrung, die Mengenlehre, die elementaren Funktionen und Bestimmungsgleichungen behandelt. In dem Abschnitt „Analysis" geht es um Folgen, Reihen und die Finanzmathematik, ferner um die Differential- und Integralrechnung.

Diese Stoffauswahl aus der Mathematik bietet dem Betriebswirt das erforderliche Handwerkszeug, betriebswirtschaftliche, besonders statistische Fragen, und Probleme der Volkswirtschaft zu verstehen und selbst zu lösen.

Inhaltsverzeichnis

I. Die Grundrechenoperationen

1. Die natürlichen Zahlen

„Am Anfang war das Zählen".

Die benutzten Elemente, die natürlichen Zahlen, dienen uns zu zwei Zwecken: Wir fixieren mit ihnen **Anzahlen** und drücken **Ordnungen** aus.

Eins, zwei, drei, ...-Zählen (Abzählen)
Erstens, zweitens, ... Ordnungszahlen
Wir schreiben die Menge der natürlichen Zahlen symbolisch:

$$N = \{1,2,3,4...\}$$

2. Die Addition als Weiterzählen

Hat man bis 5 gezählt und will **um 3 weiterzählen**, gelangt man zur 8. Die erste Rechenoperation, die **Addition**, ist als **Weiterzählen** definiert. Als Rechenhilfe verwenden wir die Rechengesetze. Das **Kommutativgesetz** (1) besagt, daß die Summanden vertauscht werden dürfen. Das **Assoziativgesetz** bringt zum Ausdruck, daß es bei 3 Summanden gleichgültig ist, welche beiden zuerst zusammengefaßt werden. Da es also auf die Bildung von zusammengehörenden Summanden nicht ankommt, können in (2) alle

$5+3 = 8$ ← Summe

Summanden

Allgemein: $a+b$; $a \in N$,[1] $b \in N$

$a+b \in N$

(1) $a+b = b+a$ Kommutativgesetz

$5+3 = 3+5$

(2) $(a+b)+c = a+(b+c)$ Assoziativgesetz

$(2+3)+7 = 2+(3+7)$

$5+7 = 2+10$

---

[1] $a \in N$ heißt: a ist Element von N, d.h. a ist eine natürliche Zahl.

Klammern weggelassen werden. Die Menge N ist gegenüber der Addition abgeschlossen, d. h.: Addiert man zwei natürliche Zahlen, so ist die Summe wieder eine natürliche Zahl.

Merke: Eine Klammer ( ) wird stets dann gesetzt, wenn man ausdrücken will, daß die Glieder in der Klammer zuerst ausgerechnet werden sollen.

Unter Berücksichtigung des Kommutativgesetzes gilt

$$(a+b)+c = a+(b+c) = b+(a+c) = a+b+c$$

Weitere Kommutationen lassen sich anbringen.

Die Addition ist eindeutig. Stimmen bei zwei Summationen die beiden Summen und jeweils ein Summand überein, so sind die entsprechenden zweiten Summanden ebenfalls gleich.

Eindeutigkeit

$5 + 3 = 8$

$5 + x = 8$ d.h. $x = 3$

Aus $a+b = a+x$ folgt $x = b$

3. Die Multiplikation als abgekürzte Addition

Sind die Summanden in einer Summe alle gleich, so gelangen wir zur Multiplikation. Es gelten bekanntlich wieder das Kommutativ und das Assoziativgesetz. Es wird zusätzlich verabredet, daß der „Malpunkt" weggelassen werden darf, wenn keine Irrtümer daraus entstehen. Die Menge N ist gegenüber der Multiplikation abgeschlossen.

$3+3+3+3 = 4\cdot 3$

$5+5 = 2\cdot 5$

$a+a+a+a = 4\cdot a$

$\underbrace{a+a+\ldots}_{b \text{ Summanden}} = b\cdot a$

Produkt ↑ $a\cdot b$ ↑↑ Faktoren

$a \in N$, $b \in N$, $a\cdot b \in N$

(1) $\boxed{a\cdot b = b\cdot a}$ Kommutativgesetz

(2) $\boxed{(a\cdot b)\cdot c = a\cdot(b\cdot c)}$ Assoziativgesetz

$a \in N,\ b \in N,\ c \in N$

$a\cdot b = ab;\quad 3\cdot 3 \neq 33$

Achtung! $3\frac{1}{2} = 3+\frac{1}{2}$ nicht $3\cdot\frac{1}{2}$

Die Multiplikation ist eindeutig.

Eindeutigkeit

Aus $a\cdot b = a\cdot x$ folgt $x=b$

Für die Multiplikation ist die Eins das neutrale Element, sie kann als Faktor weggelassen werden.

Neutrales Element

$\boxed{1\cdot a = a}$

4. Zusammensetzung von Addition und Multiplikation

Treffen wir auf eine Zusammensetzung von Summe und Produkt (wir sprechen von einem Term), so muß zunächst geklärt werden, welche Rechenoperation zuerst ausgeführt werden soll. Wir haben als Arbeitsanweisung bereits die Klammer kennengelernt. Man hat vereinbart, falls das Produkt zuerst ausgerechnet werden soll, die entsprechende Klammer fortzulassen. Wir müssen in der Lage sein, die Struktur eines Terms zu erkennen. Beispiel (3) ist ein Produkt, dessen einer Faktor eine Summe ist. Bei Beispiel (4) handelt es sich um eine Summe, deren erster Summand ein Produkt ist.

In diesem Zusammenhang müssen wir über Strukturverwandlungen sprechen, die das Distributivgesetz ermöglicht. Bei Aufgaben wie z. B. $2 \cdot 34$ folgen wir bekanntlich dem Sprachgebrauch und zerlegen 34 in $30 + 4$ (vier und dreißig). Dann strukturieren wir die Aufgabe um und rechnen $2 \cdot 30$ „und" $2 \cdot 4$. Wir haben somit ein Produkt (wobei ein Faktor eine Summe ist) in eine Summe (aus zwei Produkten) verwandelt. Die Rechnung (siehe (9)) wird mitunter kurz als Ausmultiplizieren bezeichnet. Die Beziehung (8) läßt sich aber noch weiter ausdeuten, wenn wir sie von rechts nach links lesen. Dann verwandeln wir eine Summe in ein Produkt. Das Besondere an dieser Summe besteht darin, daß in beiden Summanden der gemeinsame Faktor a enthalten ist. Dieser Faktor a tritt auch als Faktor im erhaltenen Produkt auf, er wird vor die Klammer gesetzt, die den anderen Faktor bildet. Diese Rechnung (siehe (10)) heißt Ausklammern. Das letzte Beispiel von (10) zeigt uns noch besonders, wie wir gewisse Terme zusammenfassen können (ausrechnen).

In den Beispielen (11) soll darauf unter Benutzung des Kommutativgesetzes eingegangen werden.

(3) $2\cdot(7+3) = 2\cdot 10 = 20$

(4) $(2\cdot 7)+3 = 14+3 = 17$

oder unter Beachtung der Regel[2]) Punktrechnung geht vor Strichrechnung $2\cdot 7+3 = 14+3 = 17$

$3+7\cdot 2$ falsche Rechnung, da
$10\cdot 2$ keine Klammer um 3+7

Termstruktur

(3) $2\cdot(7+3)$ ist ein Produkt
dieser Faktor ist eine Summe

(4) $2\cdot 7+3$ ist eine Summe
dieser Summand ist ein Produkt

(5) $(a+b)\cdot(c+d)$ Produkt aus Summen

(6) $ab+cd$ Summe von Produkten

(7) $2\cdot 34 = 2(30+4) = 2\cdot 30+2\cdot 4 = 60+8 = 68$

Allgemein: $a \in N$, $b \in N$, $c \in N$

(8) $\boxed{a(b+c) = ab+ac}$ Distributivgesetz

Anschaulich als "Flächenproblem"

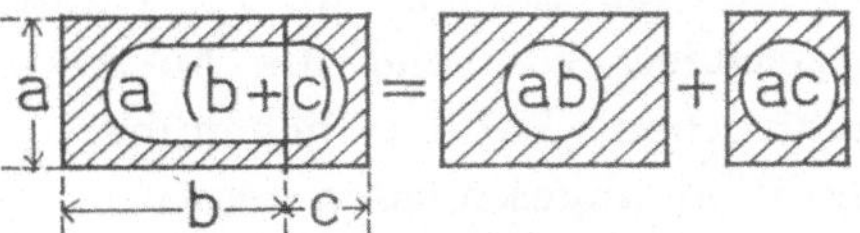

(9) Beispiele: Ausmultiplizieren
$3(a+b)=3a+3b$
$a(b+3)=ab+3a$
$2(c+1)=2c+2$

(10) Beispiele: Ausklammern
$ab+ac = a(b+c)$
$4a+4b = 4(a+b)$
$ac+bc = c(a+b)$
$4ab+2ac=2a(2b+c)$
$5ab+5 =5(ab+1)$
$2a+3a =a(2+3)= 5a$

(11) Beispiele: zusammenfassen
$a+2b+3a+5b=4a+7b$
$2ab+c+d+3ab+2c=5ab+3c+d$

---

²) Gilt auch für Division und Subtraktion.

Unter (12) betrachten wir nun das Ausmultiplizieren mehrerer Klammern. Die Herleitung der Regel erfolgt durch zweimaliges Anwenden des Distributivgesetzes (8).

(12) $(a+b)(c+d) = a(c+d)+b(c+d)$
$= ac+ad+bc+bd$

Regel: Jedes Glied der einen Klammer mit jedem Glied der anderen Klammer multiplizieren.

Beispiele:

$(4a+3)(2b+5) = 8ab+20a+6b+15$

$31 \cdot 75 = (30+1)(70+5) = 2100+150+70+5$

5. Die Subtraktion als Umkehrung der Addition

Haben wir die Addition als Weiterzählen aufgefaßt, so definieren wir jetzt die Subtraktion als Zurückzählen. Haben wir bis 8 gezählt und zählen um 3 Zahlen zurück, so gelangen wir zur 5. Ist in einer Additionsaufgabe ein Summand unbekannt (wir bezeichnen ihn mit x), dafür aber der Wert der Summe gegeben, so führt die Ermittlung des unbekannten Summanden zur Differenzbildung. In diesem Sinne wird die Subtraktion als Umkehrung der Addition bezeichnet. Während die Menge der natürlichen Zahlen gegenüber der Addition abgeschlossen ist, führt die Subtraktion aus der Menge der natürlichen Zahlen heraus.

$8 - 3 = 5$
Umkehrung der Additionsaufgabe
$5 + 3 = 8$ (Probe!)

$x + 3 = 8$
$x = 8 - 3 = 5$
$x + b = a$ $\quad x \in N,\ a \in N,\ b \in N$
$x = a - b$ Differenz

Nichtabgeschlossenheit
$x = a - b$ $\quad a \in N,\ b \in N$
x ist nur natürliche Zahl, wenn a größer ist als b
($x \in N$, falls $a > b$)

Ordnungsrelationen
$a > b$ heißt a größer als b
$a < b$ " a kleiner als b
$a \geqq b$ " a größer oder gleich b
$a \leqq b$ " a kleiner oder gleich b

Für die folgenden Rechenregeln setzen wir jedoch voraus, daß die auftretenden Differenzen natürliche Zahlen sind. (13) ist das schon unter 2. aufgeführte Assoziativgesetz der Addition. Regel (14) gibt an, daß wir eine Summe in „Etappen" subtrahieren

Erweiterte Assoziativ- und Distributivgesetze

Addition einer Summe

(13) $\boxed{a+(b+c) = (a+b)+c}$

Subtraktion einer Summe

z.B. $235-102=235-(100+2)=(235-100)-2$

(14) $\boxed{a-(b+c)=(a-b)-c}$ Einschränkung $a > b+c$

z.B. $5a-(4a+b)=(5a-4a)-b=a-b$

dürfen. Regel (15) bringt zum Ausdruck, daß wir zunächst eine Zahl, die größer ist als vorgesehen, addieren dürfen, wenn wir nur den entstandenen Fehler wieder gutmachen, indem wir den zuviel addierten Betrag zum Schluß subtrahieren. Für Regel (16) gilt das Entsprechende. (17) ist das bereits behandelte Distributivgesetz (8). Es wird erweitert durch (18).

Wir betrachten (18) wieder als eine Flächenberechnung von Rechtecken. (19) entspricht (12). Völlig analog verläuft die Herleitung von (20) und (21).

Addition einer Differenz

z.B. $235+98=235+(100-2)=(235+100)-2$

(15) $\boxed{a+(b-c)=(a+b)-c}$ Einschränkung $b>c$

z.B. $5a+(4a-b)=(5a+4a)-b=9a-b$

Subtraktion einer Differenz

z.B. $235-98=235-(100-2)=(235-100)+2$

(16) $\boxed{a-(b-c)=(a-b)+c}$ Einschränkungen $b>c; a>b$

z.B. $5a-(4a-b)=(5a-4a)+b=a+b$

Ein Faktor ist eine Summe

(17) $\boxed{a(b+c)=ab+ac}$ siehe 1.4

Ein Faktor ist eine Differenz

z.B. $3\cdot 98=3(100-2)=3\cdot 100-3\cdot 2$

(18) $\boxed{a(b-c)=ab-ac}$ Einschränkung $b>c$

(19) $(a+b)(c+d)=ac+ad+bc+bd$
(20) $(a+b)(c-d)=ac-ad+bc-bd$
(21) $(a-b)(c-d)=ac-ad-bc+bd$

$c>d$, $a>b$, $c>d$

6. Die Menge der ganzen Zahlen

Nun lassen wir die im vorhergehenden Abschnitt für die Ausführbarkeit der Subtraktion notwendigen Einschränkungen fallen. Wir gelangen zunächst zur N u l l.

Wir fordern für das Rechnen mit dieser neuen Zahl die Gültigkeit der alten Gesetze. (Permanenzprinzip).

Definition der Null

(22) $\boxed{a-a=0}$ $a \in N$

Folgerungen nach dem Permanenzprinzip

(23) $\boxed{a+0=a}$ $a \in N$

denn $a+(a-a)=(a+a)-a=2a-a$

---

(24) $\boxed{a-0=a}$ $a \in N$

denn $a-(a-a)=(a-a)+a$

Darüber hinaus werden die Beziehungen (22) bis (25) auch für a = 0 erfüllt.

Um auf die Einschränkungen beim Bilden von Differenzen ganz verzichten zu können, erweitern wir unseren Zahlbereich zur Menge der ganzen Zahlen, indem wir die negativen ganzen Zahlen einführen. Die neue Zahl —7 („minus sieben") besteht aus zwei Teilen, dem „Vorzeichen" und dem „Betrag" 7.

Die positive ganze Zahl +7 („plus sieben") stimmt mit der natürlichen Zahl 7 überein. Nunmehr kann ein Plus bzw. Minus zwei Bedeutungen haben: Es kann als Rechenzeichen auftreten, um anzuzeigen, ob addiert bzw. subtrahiert werden soll, oder es wird als Vorzeichen verwendet und kennzeichnet somit, ob eine positive bzw. negative Zahl vorliegt. Wo in einem Term beide Arten auftreten, wollen wir das Vorzeichen mit dem Betrag zusammenklammern. Mit Hilfe der Definitionen (26) und (27) und des Permanenzprinzips stellen wir jetzt Rechenregeln auf.

Zunächst werden wir sehen, wie die Addition ganzer Zahlen auf das Rechnen mit natürlichen Zahlen zurückgeführt wird. Die Regel (28) benutzt lediglich die Definition (27). Für (29) wird erst die Definition (26), dann gemäß dem Permanenzprinzip (15) und (14) (rückwärts), benutzt. Für (28) und (29) gilt die gemeinsame Regel:

Ganze Zahlen mit gleichem Vorzeichen werden addiert, indem man die Beträge addiert und dieser Summe das gemeinsame Vorzeichen gibt.

(25) $\boxed{a \cdot 0 = 0}$ $a \in N$

denn $a(a-a) = a \cdot a - a \cdot a$

Definition der negativen ganzen Zahlen

(26) $\boxed{-a = 0 - a}$ $a \in N$

z.B. −7 = 0 − 7

(Vorzeichen, Betrag: "neue" Zahl; Rechenzeichen; "alte" Zahlen)

Definition der positiven ganzen Zahlen

(27) $\boxed{+a = a}$ $a \in N$

z.B. +7 = 7

Die positiven ganzen Zahlen (Z+)
und Null
und die negativen ganzen Zahlen (Z−)
bilden die Menge der ganzen Zahlen (Z)

$Z = \{\ldots -3, -2, -1, 0, 1, 2, 3, 4 \ldots\}$

Vorzeichen und Rechnungszeichen

(+7) − (−3)

(Vorzeichen; Rechnungszeichen)

Von der positiven ganzen Zahl +7 soll die negative ganze Zahl −3 subtrahiert werden.

Addition ganzer Zahlen

Addition von positiven ganzen Zahlen

z.B. (+5) + (+3) = 5 + 3

(Rechnen mit neuen Zahlen — zurückgeführt auf — Rechn. mit alten Zahl.)

(28) $\boxed{(+a)+(+b) = a+b}$ $a \in N,\ b \in N$

Addition von negativen ganzen Zahlen

z.B. $(-5)+(-3) = (0-5)+(0-3) = 0-(5+3) = -8$

Für die Addition ganzer Zahlen ungleichen Vorzeichens müssen zwei Fälle berücksichtigt werden. Ist der Betrag der positiven Zahl größer als der der negativen Zahl, wird das Ergebnis positiv. Im umgekehrten Falle gilt das Entsprechende. Für (30) und (31) gilt die gemeinsame Regel:

Ganze Zahlen ungleichen Vorzeichens werden addiert, indem man von dem größeren Betrag den kleineren subtrahiert und der Differenz das Vorzeichen derjenigen Zahl gibt, die den größeren Betrag hat.

Der weitere Weg führt dahin, daß wir vermöge des Hilfsbegriffes der Gegenzahl nunmehr die Subtraktion von ganzen Zahlen auf die eben behandelte Addition von ganzen Zahlen zurückführen.

Wir brauchen hier nur zwei Fälle (32) und (33) zu unterscheiden, die Subtraktion einer positiven sowie die Subtraktion einer negativen Zahl von einer beliebigen ganzen Zahl. ± a soll andeuten, daß das Vorzeichen von a für die Vorgänge belanglos ist. Regel:

Eine ganze Zahl wird subtrahiert, indem man die entgegengesetzte Zahl addiert.

Um eine Regel für die Multiplikation von ganzen Zahlen aufzustellen, benutzen wir die Definitionen (26) und (27) und das Permanenzprinzip (18) und (21). Die Regel lautet:

Zwei ganze Zahlen werden multipliziert, indem man ihre Beträge multipliziert und diesem Produkt ein positives Vorzeichen gibt, falls die Vorzeichen der beiden Faktoren übereinstimmen, falls jedoch die beiden Faktoren verschiedene Vorzeichen tragen, erhält das Produkt ein negatives Vorzeichen.

(29) $\boxed{(-a)+(-b)=-(a+b)}$ $a \in N$, $b \in N$

denn $(0-a)+(0-b)=(0-a)-b=0-(a+b)$

Addition von ganzen Zahlen verschiedenen Vorzeichens

I. z.B. $(+5)+(-3)=5+(0-3)=$
$(5+0)-3=5-3=2$

(30) $\boxed{(+a)+(-b)=a-b}$ $a \in N$, $b \in N$, $a > b$

II. z.B. $(-5)+(+3)=(0-5)+3=$
$0-(5-3)=0-2=-2$

(31) $\boxed{(-a)+(+b)=-(a-b)}$ $a \in N$, $b \in N$, $a > b$

Die Gegenzahl

Definition: Zwei Zahlen, die sich nur durch das Vorzeichen unterscheiden heißen Gegenzahlen.

z.B. $+3$, -3 a, $-a$ $a \in N$

Subtraktion von ganzen Zahlen

Subtraktion einer positiven ganzen Zahl

z.B. $(+5)-(+3)=5-3=5+(0-3)=$
$(+5)+(-3)$

(32) $\boxed{(\pm a)-(+b)=(\pm a)+(-b)}$ $a \in N$, $b \in N$

denn $(0\pm a)-b=(0\pm a)+(0-b)$

Subtraktion einer negativen ganzen Zahl

z.B. $(+5)-(-3)=5-(0-3)=(5-0)+3=$
$5+3=(+5)+(+3)$

(33) $\boxed{(\pm a)-(-b)=(\pm a)+(+b)}$ $a \in N$, $b \in N$

denn $(0\pm a)-(0-b)=(0\pm a)+b$

Multiplikation von ganzen Zahlen

z.B. $(+3)\cdot(+2) = 3\cdot 2 = 6$
$(+3)\cdot(-2) = 3(0-2)=0-3\cdot 2=-6$
$(-3)\cdot(-2) = (0-3)(0-2)=$
$0+3\cdot 2 = 6$

(34) $(+a)(+b) = +ab$
$(-a)(-b) = +ab$
$(+a)(-b) = -ab$
$a \in N$, $b \in N$

Merkregel
Plus mal plus gibt plus
Minus mal minus gibt plus
Plus mal minus gibt minus

Bis zu dieser Stelle haben wir uns unter den Variablen a, b, c usw. stets beliebige natürliche Zahlen vorgestellt. Nachdem wir nun mit ganzen Zahlen rechnen können, spricht nichts dagegen, als **Werte für die Variablen ganze Zahlen zu verwenden.**

Diese Vorstellung bringt einen großen Fortschritt:

Die Vereinheitlichung der bisherigen Rechenarten Addition und Subtraktion.

Fortan gibt es für uns hierfür **nur noch eine Rechnungsart: die Addition,** allerdings zwei Fälle:

1. die (bisherige) Addition;
2. die Addition der Gegenzahl.

Das Minuszeichen tritt als Operator[3]) auf, es verwandelt die nachstehende Zahl in die zugehörige Gegenzahl. Da bisherige Addition und Subtraktion nunmehr eine Rechnungsart bilden, ist eine Unterscheidung durch ein Rechnungszeichen überflüssig geworden.

Plus und Minus sind jetzt nur noch Vorzeichen.

Ein Nebeneinanderstellen bedeutet schon: addieren. Wir erinnern uns: Die negativen Zahlen wurden eingeführt, um dafür zu sorgen, daß jede Subtraktion ausgeführt werden kann. Die Folge ist, die Subtraktion wurde abgeschafft. (Dies gilt nur für die Menge der ganzen Zahlen, in der Menge der natürlichen Zahlen kommen wir ohne die Subtraktion nicht aus.)

Der Vorteil der neuen Auffassungen besteht darin, daß wir mit wenigen Rechenregeln auskommen.

---

a ist z.B. Stellvertreter für 5, -7, 0, -6 usw.

a+b kann bedeuten (-5)+(-3); (+8)+(-7) usw.

a·b: (+5)·0; (-7)·(-3) usw.

a-b: (+7)-(-3); (+8)-(-7) usw.

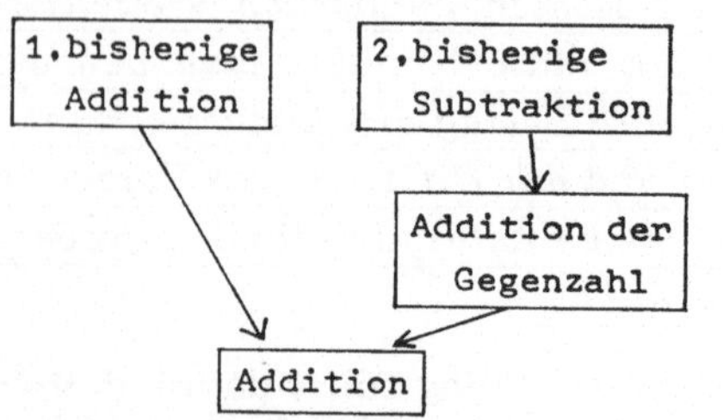

Minuszeichen als Operator zum Bilden der Gegenzahl

Regeln: -(-a) = a
-(a+b) = -a-b

Differenz als Summe
a-b = (+a)+(-b)

-5+3 heißt: -5 und +3 sollen addiert werden.

a-b heißt: a und die Gegenzahl von b sollen addiert werden.

addieren

5a - 7b + 3b - 8a = -3a -4b

addieren

Beachte: Das Vorzeichen gehört stets zur Zahl.

Zusammenstellung der Rechengesetze

a+b = b+a
(a+b)+c = a+(b+c) = a+b+c
ab = ba
(ab)c = a(bc)
a(b+c) = ab+ac
-(-a) = a
-(a+b) = -a-b

---

[3]) Operator: Erstreckt sich auf ein Objekt und verändert i. a. dieses Objekt.

7. Die Division, die rationalen Zahlen

Die Frage nach einem unbekannten Faktor x bei bekanntem zweiten Faktor und bekanntem Produkt führt zur D i v i s i o n. Die Menge der ganzen Zahlen reicht für die unumschränkte Ausführbarkeit der Division nicht aus. Deshalb benötigen wir wiederum neue Zahlen. Wir führen deshalb die Bruchzahlen ein.

$x \cdot 3 = 12$

$x = 12:3=4$ (Quotient)

$x \cdot 0 = 12$ ist nach (25) falsch, daher ist das Teilen durch Null sinnlos.

$x \cdot 3 = 11$ $\qquad x \in Z$

$x = 11:3=\frac{11}{3}$ neue Zahl

11 ← Zähler

— ← Bruchstrich

3 ← Nenner

lies: elf Drittel bzw. 11 durch 3

allgemein $\frac{a}{b}$ lies: a durch b

Ganze Zahlen und Bruchzahlen zusammengenommen bilden die Menge der r a t i o n a l e n Z a h l e n Q. Eine rationale Zahl $\frac{a}{b}$ ist eine ganze Zahl, falls der Zähler ein ganzzahliges Vielfach vom Nenner ist, siehe (39). Wir beziehen uns erneut auf das Permanenzprinzip, um mit den neuen Zahlen rechnen zu können. Die Beziehung (40) ist von besonderer Bedeutung.

Definition der rationalen Zahlen

$a \in Z,\ b \in Z,\ b \neq 0$

(35) $\boxed{\frac{a}{b} = a:b \quad \frac{a}{b}\cdot b = a}$

d.h. $\frac{a}{b}$ ist diejenige Zahl, die mit b multipliziert a ergibt.

Achtung: Stets muß der Nenner ungleich Null sein.

Ein und derselbe Bruch hat unendlich viele Erscheinungsformen, je nachdem, wie c gewählt wird. Das Verwandeln eines Bruches in eine andere Erscheinungsform heißt K ü r z e n ((40) von links nach rechts gelesen) bzw. E r w e i t e r n ((40) von rechts nach links gelesen).

Kürzen heißt:

Zähler und Nenner durch d i e s e l b e Zahl dividieren.

Erweitern heißt:

Zähler und Nenner eines Bruches mit d e r s e l b e n Zahl multiplizieren.

Folgerungen:

(36) $\frac{a}{a} = 1$, denn $\frac{a}{a} \cdot a = a$

(37) $\frac{a}{1} = a$, " $\frac{a}{1} \cdot 1 = a$

(38) $\frac{0}{a} = 0$, " $\frac{0}{a} \cdot a = 0$

(39) $\frac{ab}{b} = a$, " $\frac{ab}{b} \cdot b = ab$

(40) $\frac{ac}{bc} = \frac{a}{b}$, " $\frac{ac}{bc} \cdot bc = ac$

vergl. Eindeutigkeit der Multiplikat.

Kürzen folglich $\frac{ac}{bc} \cdot b = a$

Erweitern " $\frac{ac}{bc} = \frac{a}{b}$

z.B. $\frac{20}{30} = \frac{2}{3}$ Kürzen durch 10

$\frac{20}{30} = \frac{40}{60}$ Erweitern mit 2

8. Das Rechnen mit rationalen Zahlen („Bruchrechnung")

Auf die neuen Zahlen wollen wir nun die bisher für ganze Zahlen üblichen Rechenoperationen anwenden. Dabei soll stets wieder das Permanenzprinzip gelten.

Addition von Brüchen

I. gleiche Nenner (gleichnamig)

z.B. $\frac{2}{7} + \frac{4}{7} = \frac{6}{7}$

(41) $\boxed{\frac{a}{b} + \frac{c}{b} = \frac{a+c}{b}}$ $a \in Z,\ b \in Z,\ c \in Z$

denn $\left(\frac{a}{b} + \frac{c}{b}\right) \cdot b = a+c$

sowie $\frac{a+c}{b} \cdot b = a+c$

Bei der Addition von Brüchen treffen wir auf drei Arten, die Addition von gleichnamigen Brüchen ist die einfachste:

Gleichnamige Brüche werden addiert, indem die Zähler addiert werden und der gemeinsame Nenner für das Resultat übernommen wird.

II. verschiedene Nenner, teilerfremd

z.B. $\frac{2}{5} + \frac{3}{7} = \frac{14}{35} + \frac{15}{35} = \frac{39}{35}$

(42) $\boxed{\frac{a}{b} + \frac{c}{d} = \frac{ad+bc}{bd}}$ $a \in Z, b \in Z$ $c \in Z, d \in Z$

denn $\left(\frac{a}{b} + \frac{c}{d}\right) \cdot bd = ad+cb$

sowie $\frac{ad+cb}{bd} \cdot bd = ad+cb$

Ungleichnamige Brüche werden zunächst gleichnamig gemacht und dann addiert.

Das Gleichnamigmachen geschieht durch Multiplikation der Nenner der Aufgabe. Haben jedoch die Nenner der Aufgabe einen gemeinsamen Faktor, so tritt dieser nur einmal im Nenner des Resultats auf. Durch dieses Verfahren verhindern wir, daß Zähler und Nenner unnötig groß werden.

III. verschiedene Nenner, mit gemeinsamem Faktor

z.B. $\frac{7}{8} + \frac{5}{6} = \frac{7}{2 \cdot 4} + \frac{5}{2 \cdot 3} = \frac{7 \cdot 3 + 5 \cdot 4}{2 \cdot 4 \cdot 3}$

$= \frac{41}{24}$

(43) $\boxed{\frac{a}{bp} + \frac{c}{dp} = \frac{ad+bc}{b \cdot dp}}$

$a \in Z,\ b \in Z,\ c \in Z,\ d \in Z, p \in Z$

bdp heißt Hauptnenner, falls b und d keinen gemeinsamen ganzzahligen Teiler haben.

Die angeführten Begründungen der Regeln gehen stets auf das Permanenzprinzip, insbesondere auf die Eindeutigkeit der Multiplikation zurück.

Multiplikation von Brüchen

z.B. $\frac{2}{3} \cdot \frac{5}{7} = \frac{10}{21}$

(44) $\boxed{\frac{a}{b} \cdot \frac{c}{d} = \frac{ac}{bd}}$

$a \in Z,\ b \in Z,\ c \in Z,\ d \in Z$

denn $\frac{a}{b} \cdot \frac{c}{d} \cdot b \cdot d = ac$

sowie $\frac{ac}{bd} \cdot bd = ac$

Brüche werden multipliziert, indem Zähler mit Zähler und Nenner mit Nenner multipliziert werden.

Anstatt durch einen Bruch zu dividieren, wird mit seinem Kehrwert multipliziert.

Nunmehr hat unser Zahlensystem einen gewissen Grad von Abgeschlossenheit erreicht: Jede der vier Grundrechenoperationen

Addition,
Subtraktion,
Multiplikation,
Division,

die sich auf rationale Zahlen erstreckt, hat als Resultat wieder eine rationale Zahl.

Division von Brüchen

z.B. $\frac{4}{5} : \frac{3}{2} = \frac{4}{5} \cdot \frac{2}{3} = \frac{8}{15}$

(45) $\boxed{\frac{a}{b} : \frac{c}{d} = \frac{a}{b} \cdot \frac{d}{c}}$ $a \in Z,\ b \in Z$, $c \in Z,\ d \in Z$

denn $\frac{a}{b} = \frac{ad}{bc} \cdot \frac{c}{d}$

Abgeschlossenheit der rationalen Zahlen bezüglich der Grundrechenarten

Aus $a \in Q$ und $b \in Q$ folgt

$a+b \in Q,\ a-b \in Q,\ a \cdot b \in Q,\ a:b \in Q$

9. Übungen

Beispiele	Aufgaben

Berechnen Sie die Terme

1. $4-2\cdot4-4\cdot(2-4)=$
   $4-8 \quad -4\cdot(-2) =$
   $4-8 \quad + 8 \quad = \underline{4}$

2. $(4-5)\cdot3-2\cdot(6-3)$
3. $5-8\cdot3-4\cdot(12-7)$
4. $6\cdot3-8+4-5\cdot(6-7)$

Lösen Sie die Klammern auf!

5. $a(2b+4)-4(ab-3a)=$
   $2ab+4a-4ab+12a=\underline{16a-2ab}$

6. $(5a-2b)\ (10-3c)$
7. $4a-3(6b+c)+2(a-2c)$

Klammern Sie vollständig aus (ohne daß Brüche entstehen)!

8. $4ab-6a+8ac=$
   $2a\cdot2b-2a\cdot3+2a\cdot4c=\underline{2a(2b-3+4c)}$

9. $6-36a+12b-18c$
10. $5abc-10ac-12bc$

Kürzen Sie (vollständig)!

11. $\frac{10a}{5ab} = \frac{5a\cdot2}{5a\cdot b} = \underline{\underline{\frac{2}{b}}}$

12. $\frac{36ab}{24abc}$

13. $\frac{15ac}{35b}$

14. $\frac{ab+a}{ac+a} = \frac{a\cdot(b+1)}{a\cdot(c+1)} = \underline{\underline{\underline{\frac{b+1}{c+1}}}}$

15. $\frac{ab+bc}{ab-bc}$

16. $\frac{5c+10}{3c+6}$

Erweitern Sie so, daß der Nenner 10 abc entsteht!

17. $\frac{2}{5a} = \frac{2 \cdot 2bc}{5a \cdot 2bc} = \frac{4bc}{10abc}$ 18. $\frac{5}{2ab}$ 19. $\frac{1}{ab}$ 20. $\frac{4}{b}$

Addieren Sie (gekürztes Ergebnis)!

21. $\frac{3}{8} + \frac{3}{10} + \frac{1}{5}$

$\frac{3}{2 \cdot 4} + \frac{3}{2 \cdot 5} + \frac{1}{5}$

$\frac{3 \cdot 5}{2 \cdot 4 \cdot 5} + \frac{3 \cdot 4}{2 \cdot 5 \cdot 4} + \frac{1 \cdot 2 \cdot 4}{5 \cdot 2 \cdot 4} =$

$\frac{35}{40} = \frac{7}{8}$

22. $\frac{1}{3} - \frac{5}{6} - \frac{3}{4}$

23. $\frac{1}{2} + \frac{7}{9} - \frac{25}{18}$

24. $\frac{2}{3} - \frac{1}{8} + \frac{13}{6}$

Multiplizieren bzw. dividieren Sie (gekürztes Ergebnis)!

25. $\frac{18a}{b} \cdot \frac{b}{4} = \frac{18a \cdot b}{b \cdot 4} = \frac{2b \cdot 9a}{2b \cdot 2}$

$= \frac{9a}{2}$

26. $\frac{15a}{bc} \cdot \frac{c}{35a}$ 27. $\frac{25c}{9a} \cdot \frac{3ab}{5c}$

28. $\frac{8a+b}{2} \cdot \frac{2}{24a+3b}$

29. $\frac{8a}{9c} : \frac{6ab}{5c} = \frac{8a}{9c} \cdot \frac{5c}{6ab} =$

$\frac{8 \cdot 5 \cdot a \cdot c}{9 \cdot 6 \cdot a \cdot b \cdot c} = \frac{2 \cdot a \cdot c \cdot 4 \cdot 5}{2 \cdot a \cdot c \cdot 9 \cdot 3 \cdot b} = \frac{20}{27b}$

30. $\frac{5}{6} : \frac{5}{12}$ 31. $\frac{6ab}{25} : \frac{5a}{c}$

32. $\frac{a+1}{b+2} : \frac{a+1}{2}$

II. Die Potenzrechnung und ihre Umkehrungen

1. Naive Potenzdefinition

Die Multiplikation hatten wir als eine Summation gleicher Summanden aufgefaßt. Nun übertragen wir diesen Gedankengang:

Das Potenzieren ist ein Multiplizieren mit gleichen Faktoren. Der Exponent gibt an, wie oft die Basis als Faktor gesetzt werden soll.

Dabei ergibt sich zunächst die wichtige Einschränkung für den Exponenten, daß er eine natürliche Zahl mit Ausnahme von 1 sein muß.

$a^2 = a \cdot a$

$a^3 = a \cdot a \cdot a \quad = a^2 \cdot a$

$a^4 = a \cdot a \cdot a \cdot a = a^3 \cdot a$

usw.

$a^{n+1} \quad = a^n \cdot a$

Exponent (Hochzahl) ↓ a^n } Potenz ↑ Basis (Grundzahl)

Potenzdefinition

$$(46) \qquad a^n = \underbrace{a \cdot a \cdot a \cdot \; \dots \; \cdot a}_{n \text{ Faktoren}} \qquad n \in N, \; n \geqq 2$$

z.B. $2^3 = 8$

$2^{10} = 1024$

2. Das Rechnen mit Potenzen

Aus der Definition (46) folgt, daß die Potenz eine rationale Zahl ist (falls die Basis rational ist). Wir können also alle Regeln von Kapitel I verwenden. Hieraus ergeben sich für besondere Fälle noch besondere Rechenregeln für Potenzen. Die Addition von Potenzen bringt nichts wesentlich Neues. Dagegen verlaufen Multiplikation, Division geeigneter Potenzen sowie das Potenzieren von Potenzen nach den sogenannten *Potenzgesetzen*.

Die Gesetze (47) und (49) ergeben sich durch die vollständige Paarbildung der Basen. Das Gesetz (48) zählt die Basen der Faktoren, es formt also gewissermaßen eine Multiplikation in eine Addition um. Analog verfährt das

$a^n \in Q$ falls $a \in Q$, $n \in N$

Addition von Potenzen

$a^n + b^m$, $a^n + b^n$ } i.a. keine Umformungsmöglichkeit

$a^n + a^m$ Ausklammern möglich (siehe Üb.)

$a^n + a^n = 2a^n$ nach (8), (10)

z.B. $a^n + b^m + 4a^n - 7b^m = 5a^n - 6b^m$

Multiplikation von Potenzen

$a^n \cdot b^m$ i.a. keine Umformungsmöglichkeit

$$(47) \qquad a^n \cdot b^n = (ab)^n$$

denn $\underbrace{a \cdot a \cdot \; \dots \; \cdot a}_{n \text{ Faktoren}} \cdot \underbrace{b \cdot b \cdot \; \dots \; \cdot b}_{n \text{ Faktoren}} = \underbrace{ab \cdot ab \cdot \; \dots \; \cdot ab}_{n \text{ Paare}}$

z.B. $2^4 \cdot 5^4 = (2 \cdot 5)^4 = 10^4 = 10\,000$

Gesetz (50). Die Schwierigkeit hierbei liegt aber in den fünf Fallunterscheidungen, die konsequenterweise wegen der unter II. 1. getroffenen Potenzdefinition nötig werden. (Jeder Exponent soll demnach eine natürliche Zahl ab 2 sein.) Die Umständlichkeit dieses Gesetzes (50) liegt an der Einfachheit der Potenzdefinition. Wollen wir diese Umständlichkeit vermeiden, müssen wir die Potenzdefinition erweitern, also komplizieren. Das soll aber erst im folgenden Abschnitt geschehen. Die Beweise für die einzelnen Fälle von (50) gelingen durch Kürzen. a^{n-m} ergibt sich durch m-maliges Kürzen von a (Fall 1). a erhalten wir, wenn im Zähler ein Faktor a mehr als im Nenner auftritt (Fall 2). Das Resultat 1 tritt wie immer auf, wenn Zähler und Nenner gleich sind (Fall 3). Zu $\frac{1}{a}$ gelangen wir, falls im Nenner ein überschüssiger Faktor a auftritt (Fall 4). Der letzte Fall (5) kommt zur Anwendung, falls dieser Überschuß größer als 1 ist.

Das Potenzieren von Potenzen bedient sich wieder der Abzählmethode (Rechteckschema).

Potenzen werden potenziert, indem die Exponenten multipliziert werden.

Das Potenzieren von Summen (Differenzen) ist eine Anwendung des Distributivgesetzes [siehe I. 4. (12)].

(48) $\boxed{a^n \cdot a^m = a^{n+m}}$

denn $\underbrace{a\cdot a\cdot \;\ldots\; \cdot a}_{n \text{ Faktoren}} \cdot \underbrace{a\cdot a\cdot \;\ldots\; \cdot a}_{m \text{ Faktoren}} = \underbrace{a\cdot a\cdot \;\ldots\; \cdot a}_{m+n \text{ Faktoren}}$

z.B. $a^7 \cdot a^3 = a^{10}$

Division von Potenzen

$\frac{a^n}{b^m}$ i.a. Keine Umformungsmöglichkeit

(49) $\boxed{\frac{a^n}{b^n} = \left(\frac{a}{b}\right)^n}$ analog (47)

z.B. $6^5 : 3^5 = \left(\frac{6}{3}\right)^5 = 2^5 = 32$

(50)
$$\boxed{\begin{aligned} \frac{a^n}{a^m} &= a^{n-m} && \text{für } n > m+1 \\ &= a && \text{für } n = m+1 \\ &= 1 && \text{für } n = m \\ &= \frac{1}{a} && \text{für } n = m-1 \\ &= \frac{1}{a^{m-n}} && \text{für } n < m-1 \end{aligned}}$$

z.B. $\frac{a^7}{a^2} = a^{7-2} = a^5$ | $\frac{a^6}{a^7} = \frac{1}{a}$

$\frac{a^2}{a^7} = \frac{1}{a^{7-2}} = \frac{1}{a^5}$ | $\frac{a^7}{a^6} = a$

Potenzieren von Potenzen

(51) $\boxed{(a^n)^m = a^{n\cdot m}}$

denn
$$(a^n)^m = \left\{\begin{matrix} a\cdot a\cdot \;\ldots\; \cdot a \\ a\cdot a\cdot \;\ldots\; \cdot a \\ \text{-----------} \\ a\cdot a\cdot \;\ldots\; \cdot a \end{matrix}\right\} \text{ m Zeilen}$$

n Faktoren — also m·n Faktoren

Der häufigste *Fehler* hierbei ist das schematische Distributieren des Exponenten: $(a + b)^2 = a^2 + b^2$; oder umgekehrt: das „Ausklammern" des Exponenten in der folgenden *falschen* Weise: $a^2 - b^2 = (a - b)^2$.

$(a + b)^3$ erhalten wir durch Multiplikation von $(a + b)^2$ mit $a + b$.

z.B. $(2^5)^2 = 2^{5 \cdot 2} = 2^{10} = 1024$

$32^2 = 1024$

Potenzieren von Summen

(52) $(a+b)^2 = a^2 + 2ab + b^2$

(53) $(a-b)^2 = a^2 - 2ab + b^2$

Binomische Formeln

z.B. $301^2 = (300+1)^2$

$= 300^2 + 2 \cdot 300 \cdot 1 + 1^2$

$= 90\,000 + 600 + 1 = 90\,601$

(54) $(a \pm b)^3 = a^3 \pm 3a^2b + 3ab^2 \pm b^3$

z.B. $99^3 = (100-1)^3$

$= 100^3 - 3 \cdot 100^2 \cdot 1 + 3 \cdot 100 \cdot 1^2 - 1^3$

$= 1\,000\,000 - 30\,000 + 300 - 1$

$= 970\,299$

3. Die Erweiterung des Potenzbegriffes

Wir wollen nun die eben angekündigte Erweiterung der Potenzdefinition vornehmen. Ziel ist es, für das Gesetz (56) die Fälle 2 bis 5 im Fall 1 aufgehen zu lassen. Betrachten wir zunächst den Fall 2: $n = m + 1$. Resultat war a (nach (50)). Verwenden wir die Beziehung (55), so erhalten wir formal a^1. Wir müssen daher die Gleichheit dieser beiden Resultate definieren. Genauso gehen wir im Fall 2 vor. Wir hatten 1 als Resultat bekommen; verwenden wir jetzt die Beziehung (55) für $n = m$, so erhalten wir a^0. Wir definieren die Gleichheit. Dabei muß betont werden, daß die Basis $a = 0$ nicht auftreten darf, denn a tritt in

(55) $\frac{a^n}{a^m} = a^{n-m}$ vergleiche Fall 1

Zusatzdefinition

(56) $a^1 = a$

$a^1 \cdot b^1 = (ab)^1 = ab$

$a^1 \cdot a^1 = a^{1+1} = a^2$

$\frac{a^1}{b^1} = \left(\frac{a}{b}\right)^1 = \frac{a}{b}$

$(a^1)^5 = (a^5)^1 = a^5$

Die Gesetze von II. 2. sind für diese neue Potenz brauchbar

Zusatzdefinition

(57) $a^0 = 1$ Einschränkung $a \neq 0$

allen diesen Ausdrücken als Nenner auf. Die letzten beiden Fälle beziehen wir in (55) durch die Definition (58) mit ein.

Damit ist der Potenzbegriff dahingehend erweitert worden, daß alle ganzen Zahlen als Exponent auftreten können.

Alle Potenzen, auch diejenigen mit den „neuen“ Exponenten, erfüllen die Potenzgesetze aus 2.

Nachweis, daß die Gesetze von II.2 Gültigkeit haben:

$a^o b^o = (ab)^o = 1$ $\qquad \frac{a^o}{b^o} = \left(\frac{a}{b}\right)^o = 1$

$a^o \cdot a^o = a^{o+o} = 1$

$(a^4)^o = (a^o)^4 = a^o = 1$

$a^o \cdot a^n = a^{n+o} = a^n$

Zusatzdefinition

(58) $\boxed{a^{-n} = \frac{1}{a^n}}$ $\quad n \in Z$ (ganze Zahl)

Speziell $a^{-1} = \frac{1}{a}$

Der Exponent -1 als Kehrwertoperator

$$\left(\frac{3}{4}\right)^{-1} = \frac{3^{-1}}{4^{-1}} = \frac{\frac{1}{3}}{\frac{1}{4}} = \frac{1}{3} : \frac{1}{4} = \frac{4}{3}$$

$$\left(\frac{a}{b}\right)^{-1} = \frac{b}{a}$$

4. Die Umkehrungen des Potenzierens

Wir wollen nun die Potenzrechnung umkehren, d. h., wir fragen jetzt nach einem Mitglied der Aufgabe. Wir entsinnen uns, daß die Subtraktion die Umkehrung der Addition und die Division die Umkehrung der Multiplikation ist. Da für Addition und Multiplikation das Kommutativgesetz gilt, ist es bei beiden gleichgültig, ob nach dem 1. bzw. dem 2. Mitglied der Aufgabe gefragt wird, deshalb hat jede dieser beiden Rechnungsarten nur eine Umkehrung. Die Potenzrechnung ist aber nicht kommutativ, d. h., wir dür-

Umkehrung der Addition

$a+x=b$, $x+a=b$ $\qquad x=b-a$ $\qquad$ Subtraktion

Umkehrung der Multiplikation

$a \cdot x=b$, $x \cdot a=b$ $\qquad x=\frac{b}{a}$ $\qquad$ Division

Potenzieren ist nicht Kommutativ

$a^b = b^a$ falsche Aussage

$2^3 \neq 3^2$

fen Basis und Exponent **n i c h t** vertauschen. Deswegen ist sowohl die Frage nach der Basis (1. Mitglied) als auch die Frage nach dem Exponenten (2. Mitglied) berechtigt.

1. Umkehrung der Potenzrechnung: Frage nach der unbekannten Basis

$x^a = b$ z.B. $x^3 = 8$
$x = 2$

2. Umkehrung der Potenzrechnung: Frage nach dem unbekannten Exponenten

$a^x = b$ z.B. $3^x = 81$
$x = 4$

5. Wurzeln

Diejenige Umkehrung vom Potenzieren, die nach der unbekannten Basis fragt, heißt *Radizieren* (W u r z e l z i e h e n). Die Definition der Wurzel (60) gewinnen wir direkt aus dem in (59) gestellten Problem.

(59) $x^n = a$ $n \in N$, $n \geqq 2$
$x = \sqrt[n]{a}$ lies: n^{te} Wurzel aus a

n heißt Wurzelexponent
a " Radikand

Definition der Wurzel

(60) $\left(\sqrt[n]{a}\right)^n = a$

Demnach ergibt die Wurzel, so oft mit sich selbst multipliziert, wie der Wurzelexponent angibt, den *Radikanden*. Das Wurzelziehen stellt sich also als diejenige Rechnungsart dar, die eine vorgegebene Zahl (Radikand) in so viele gleiche Faktoren zerlegt, wie der Wurzelexponent angibt, und dann einen dieser Faktoren als Resultat (Wurzel) verwendet. Infolgedessen ist das Wurzelziehen aus solchen Radikanden, denen wir schon die gleichen Faktoren in der vorgeschriebenen Anzahl ansehen (Potenzen!), ganz einfach. Die Regel (61) erfüllt die Definition (60). Wir brauchen nur mit n zu potenzieren. Jedoch erinnert dieses Wurzelziehen aus Potenzen an Divisionen im Bereich des kleinen Einmaleins: Die gesamte Aufgabe wurde von uns gespeichert, wenn uns nur Teile davon

Wurzelziehen aus geeigneten Potenzen

z.B. $\sqrt[4]{a^4} = a$, denn $a^4 = a \cdot a \cdot a \cdot a$

$\sqrt[4]{16} = 2$, denn $16 = 2^4$

(lies: 4. Wurzel aus 16 ist 2)

$\sqrt[3]{64} = 4$

(61) $\sqrt[n]{a^n} = a$ ← mit n potenziert ergibt a^n

↑ mit n potenziert gibt auch a^n

genannt werden, fällt uns der Rest sofort ein. Am leichtesten ist also das Quadratwurzelziehen aus Quadratzahlen. Wollen wir aus anderen, beliebigen positiven Zahlen die Wurzel ziehen, machen wir eine unangenehme, aber nicht verwunderliche Beobachtung:

Das Wurzelziehen führt genau wie Subtraktion und Division aus dem bisherigen Zahlenbereich heraus.

Die neuen Zahlen heißen *Irrationalzahlen,* zusammen mit den Rationalzahlen bilden sie die Menge der *reellen Zahlen.* Wir können uns die „Bauart" eine *Irrationalzahl* mit Hilfe der *Dezimalbruchdarstellung* klarmachen. Einer Rationalzahl entspricht eindeutig umkehrbar entweder ein endlicher oder ein unendlicher, aber periodischer Dezimalbruch. Mithin stehen für die Irrationalzahlen nur unendliche, aber nichtperiodische Dezimalbrüche zur Verfügung. Genau wie wir im täglichen Leben so gut wie keine „gemeinen Brüche" (Brüche mit nichtdezimalem Nenner, z. B. $\frac{2}{3}$) verwenden, sondern dafür dezimale Näherungswerte gebrauchen, handhaben wir es jetzt im Falle der Irrationalzahlen. Der Grad der Genauigkeit hängt dabei vom betreffenden Problem ab. Wir verzichten auf eine explizite Definition der reellen Zahlen. (Das Rechnen mit reellen Zahlen erfolgt nach den gleichen Gesetzen wie wir sie für rationale Zahlen benutzen.) Wo immer wir auf irrationale Zahlen treffen, verwenden wir rationale Näherungswerte. Die

Quadratwurzel (2.Wurzel, n = 2)

Wenn keine Irrtümer zu befürchten sind, darf bei der 2. Wurzel der Wurzelexponent weggelassen werden.

$$\sqrt{a} = \sqrt[2]{a}$$

$\sqrt{1} = 1$ $\sqrt{16} = 4$

$\sqrt{4} = 2$ $\sqrt{25} = 5$ usw.

$\sqrt{9} = 3$ $\sqrt{36} = 6$

$$\sqrt{a^2} = a \qquad (62)$$

dagegen: $\sqrt{2} = 1{,}414\ 213\ 562\ldots$
unendlich viele Stellen nach dem Komma, keine Periode

vergleiche: $\frac{1}{11} = 0{,}09\ 09\ 09\ 09\ldots$
unendlich viele Stellen nach dem Komma, Periode 09

$\frac{1}{4} = 0{,}25$

endlich viele Stellen nach dem Komma

Problembedingte Approximation

$\frac{2}{3}$ m = 0,667m (auf Millimeter genau)

$\frac{2}{3}$ m = 0,67m (auf Zentimeter genau)

analog

$\sqrt{2}$ m = 1,414 m

$\sqrt{2}$ m = 1,41 m

Zweideutigkeit des Quadratwurzelziehens

$x^2 = 9$

$x_1 = 3$ denn $3^2 = 9$

$x_2 = -3$ denn $(-3)^2 = 9$

lies x eins (1.Lösung, 1 wird hier als sogenannter Index verwendet)

Näherungswerte für Wurzeln sind in Tabellenwerken verzeichnet.

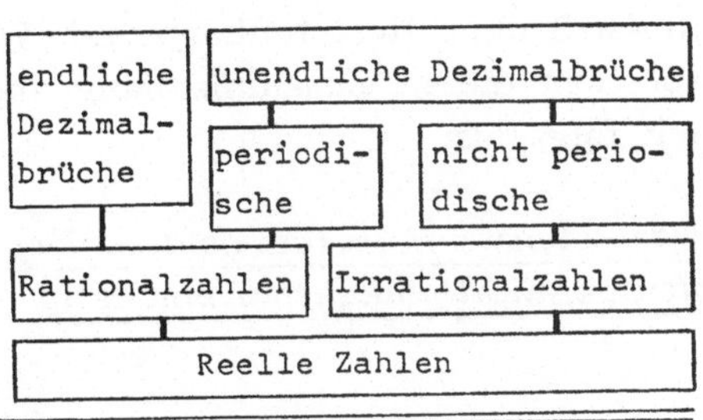

Beispiele

$\sqrt{7} = 2{,}646\ldots$ $\sqrt{70} = 8{,}367\ldots$

(siehe Tabelle)

$\sqrt{700} = \sqrt{7} \cdot \sqrt{100}$
(siehe (64) und (47))

$= \sqrt{7} \cdot 10$

$= 26{,}46\ldots$

$\sqrt{7000} = \sqrt{70} \cdot \sqrt{100}$
(siehe (64) und (47))

$= \sqrt{70} \cdot 10$

$= 83{,}67\ldots$

$\sqrt{0{,}7} = \sqrt{70} \cdot \sqrt{0{,}01}$
(siehe (64) und (47))

$= \sqrt{70} \cdot 0{,}1$

$= 0{,}8367\ldots$

$\sqrt{0{,}07} = \sqrt{7} \cdot \sqrt{0{,}01}$
(siehe (64) und (47))

$= \sqrt{7} \cdot 0{,}1$

$= 0{,}2646\ldots$

Näherungswerte für 2.u.3. Wurzeln

a	$\sqrt{a}$	$\sqrt[3]{a}$	a	$\sqrt{a}$	$\sqrt[3]{a}$
1	1,000	1,000	51	7,141	3,708
2	414	260	52	211	733
3	732	442	53	280	756
4	2,000	587	54	348	780
5	236	710	55	416	803
6	2,449	1,817	56	7,483	3,826
7	646	913	57	550	849
8	828	2,000	58	616	871
9	3,000	080	59	681	893
10	162	154	**60**	746	915
11	3,317	2,224	61	7,810	3,936
12	464	289	62	874	958
13	606	351	63	937	979
14	742	410	64	8,000	4,000
15	873	466	65	062	021
16	4,000	2,520	66	8,124	4,041
17	123	571	67	185	062
18	243	621	68	246	082
19	359	668	69	307	102
20	472	714	**70**	367	121
21	4,583	2,759	71	8,426	4,141
22	690	802	72	485	160
23	796	844	73	544	179
24	899	884	74	602	198
25	5,000	924	75	660	217
26	5,099	2,962	76	8,718	4,236
27	196	3,000	77	775	254
28	292	037	78	832	273
29	385	072	79	888	291
30	477	107	**80**	944	309
31	5,568	3,141	81	9,000	4,327
32	657	175	82	055	344
33	745	208	83	110	362
34	831	240	84	165	380
35	916	271	85	220	397
36	6,000	3,302	86	9,274	4,414
37	083	332	87	327	431
38	164	362	88	381	448
39	245	391	89	434	465
40	325	420	**90**	487	481
41	6,403	3,448	91	9,539	4,498
42	481	476	92	592	514
43	557	503	93	644	531
44	633	530	94	695	547
45	708	557	95	747	563
46	6,782	3,583	96	9,798	4,579
47	856	609	97	849	595
48	928	634	98	899	610
49	7,000	659	99	950	626
50	7,071	3,684	**100**	10,000	4,642

Bisher hat für unsere Rechnungen ein wichtiges Prinzip gegolten: Alle fünf Rechenarten, die wir kennengelernt haben, waren eindeutig, d. h. jede Aufgabe (bestimmt durch ihre Mitglieder) führte zu genau einem Resultat. Das Wurzelziehen macht hierin eine Ausnahme. Fragen wir nach der Zahl, die quadriert 9 ergibt, so erhalten wir sowohl 3 als auch — 3 als Resultat. Dasselbe gilt für alle Wurzeln mit Wurzelexponenten, die gerade Zahlen (d. h. durch 2 ohne Rest teilbar) sind. Wir sprechen diesen Zusammenhang auch wie folgt aus:

Das Potenzieren ist (bei geraden Exponenten) nicht umkehrbar eindeutig.

Wir schreiben allgemein

$$x^2 = a$$
$$x_1 = +\sqrt{a} = \sqrt{a}$$
$$x_2 = -\sqrt{a}$$

z.B. $\sqrt{9} = 3,\quad -\sqrt{9} = -3$

Wir können auch beide Werte zusammengefaßt schreiben:

$$x^2 = 9 \quad x_{1/2} = \pm\sqrt{9} = \pm 3$$

Eine neue Schwierigkeit, die daraus entsteht, daß positive wie negative Zahlen stets zu positiven Quadratzahlen führen, ist das Ziehen der Quadratwurzel aus negativen Radikanden. Da wir keine reelle Zahl kennen, die als Quadrat eine negative Zahl hat, ist die Aufgabe nur so zu lösen, daß wiederum neue Zahlen (nicht reelle!) eingeführt werden. Hierfür benutzen wir als „Zahl" das Zeichen i (von imaginär abgeleitet).

Quadratwurzel bei negativem Radikanden

$3^2 = 9 \qquad (-3)^2 = 9$

Umkehrung führt zu $\sqrt{9}$

$$\sqrt{-9} = ?$$

-9 ist kein Quadrat einer reellen Zahl

Definition der imaginären Einheit

$$(63) \quad \boxed{i^2 = -1}$$

daraus folgt

$\sqrt{-9} = 3i$, denn $(3i)^2 = 3^2 \cdot i^2 = -9$

z.B. $\sqrt{-1} = i$

Das Problem, wie mit Wurzeln gerechnet wird (ohne die Wurzeln zu ziehen), ist am besten durch eine neue Definition zu erreichen, die jede Wurzel zu einer Potenz macht. Wir können dann mit Wurzeln wie mit Potenzen rechnen.

Potenzdefinition der Wurzel

$$(64) \quad \boxed{\sqrt[n]{a} = a^{\frac{1}{n}}}$$
$$\left(a^{\frac{1}{n}}\right)^n = a$$

z.B. $3^{\frac{1}{2}} = \sqrt[2]{3}\ (=1,732...)$

$$4^{\frac{2}{3}} = \left(4^2\right)^{\frac{1}{3}} = \sqrt[3]{4^2}$$
$$= \sqrt[3]{16}\ (=2,520...)$$
$$\sqrt{2} \cdot \sqrt{8} = 2^{\frac{1}{2}} \cdot 8^{\frac{1}{2}} = (2 \cdot 8)^{\frac{1}{2}}$$
$$= 16^{\frac{1}{2}} = \sqrt{16} = 4$$

(64) erfüllt (60) und die Gesetze der Potenzrechnung. Wir haben mit (64) den Potenzbegriff erneut erweitert, indem wir jetzt alle rationalen Exponenten zulassen.

6. Logarithmen

Diejenige Umkehrung des Potenzierens, die nach dem unbekannten Exponenten fragt, heißt *Logarithmieren.*

Der Logarithmus ist demnach ein (unbekannter) Exponent bei gegebenem Potenzwert (hier Numerus genannt) und gegebener Basis.

(Siehe (65) und (66).) Das Finden des Logarithmus ist (ähnlich wie bei der Wurzel) einfach, falls der Numerus eine Potenz der betreffenden Basis ist, siehe (67). Für Zahlen, die nicht diese Potenzform haben, stoßen wir auf dieselbe Schwierigkeit wie bei der Wurzel: Das Logarithmieren führt aus dem uns vertrauten Bereich der rationalen Zahlen heraus. Die schon erwähnte Menge der reellen Zahlen jedoch reicht für alle Logarithmen von positiven Numeri aus. Gleichzeitig ist (65) und (66) somit eine Verallgemeinerung des Potenzbegriffes dahingehend, daß alle reellen Zahlen als Exponent zugelassen sind. (In der praktischen Rechnung verwenden wir wieder rationale Näherungswerte, die wir einer Logarithmentafel entnehmen.)

Da die Logarithmen ihrem Wesen nach Exponenten sind, entsprechen sich die zugehörigen Rechenarten. Das Logarithmengesetz (68) ist die Analogie zum Potenzgesetz (48), (69) diejenige von (50). (70) und (71) entsprechen (51). Die Logarithmen können wir als Rechenhilfe benutzen.

Z. B. läßt sich (68) dahingehend deuten, daß eine Multiplikation u · v in eine Addition auf logarithmischer Ebene umgedeutet wird. Wenn wir (69), (70) und (71) ähnlich interpretie-

(65) $a^x = b$, $x = {}^a\log b$ — $a > 1$, $b > 0$; lies: Logarithmus b zur Basis a

a heißt Basis
b " Numerus

Definition des Logarithmus

(66) $a^{{}^a\log b} = b$ — $a > 1$, $b > 0$

z.B. ${}^2\log 8 = 3$, denn $2^3 = 8$

${}^{10}\log 1000 = 3$, denn $10^3 = 1000$

(67) ${}^a\log(a^n) = n$

z.B. ${}^7\log 49 = 2$

Behauptung: ${}^{10}\log 3$ ist irrational

Beweis (indirekt):

Annahme des logischen Gegenteils der Behauptung

${}^{10}\log 3 = \frac{p}{q}$ (p u. q ganze Zahlen)

oder $10^{\frac{p}{q}} = 3$

oder $10^p = 3^q$ Widerspruch, 10^p kann nicht mit 3^q übereinstimmen, also ist die Annahme falsch und daher die Behauptung richtig.

(68) ${}^a\log(u \cdot v) = {}^a\log u + {}^a\log v$

falls ${}^a\log u = x$ und ${}^a\log v = y$

ist $u = a^x$ und $v = a^y$

d.h. ${}^a\log(a^x \cdot a^y) = {}^a\log(a^{x+y}) = x+y$

z.B. ${}^{10}\log 50 = {}^{10}\log(10 \cdot 5) = {}^{10}\log 10 + {}^{10}\log 5$

(69) ${}^a\log \frac{u}{v} = {}^a\log u - {}^a\log v$

analog (68)

ren, so führen wir eine kompliziertere Rechenart auf eine einfachere (unter Einschaltung von Logarithmen) zurück. Im Zeitalter der vollelektrischen Tischrechenmaschinen haben die Anwendungen der Gesetze (68) und (69) weitgehend ihre Bedeutung verloren. Auf dem Prinzip des logarithmischen Rechnens basiert der sogenannte *Rechenstab* („Rechenschieber").

Multiplikationen werden mit diesem Hilfsmittel als Addition von Strecken ausgeführt, Divisionen als Subtraktion von Strecken. Für denjenigen, der oft diese Rechnungen (überschlagsmäßig) ausführen muß, lohnt sich eine Anschaffung. (Eine genaue Gebrauchsanweisung wird stets mitgeliefert.) Abschließend ist noch zu bemerken, daß als häufigste Basis 10 vorkommt, für *dekadische Logarithmen* wird als besonderes Symbol lg verwendet. Weiterhin spielt die Zahl „e", über die weiter unten noch zu sprechen sein wird, als Basis der *natürlichen Logarithmen* eine Rolle.

z.B. $^{10}\log\frac{1}{2} = {}^{10}\log 1 - {}^{10}\log 2 = 0 - {}^{10}\log 2$

(70) $$^{a}\log u^{n} = n \cdot {}^{a}\log u$$

falls $^{a}\log u = x$, ist $u = a^{x}$

d.h. $^{a}\log (a^{x})^{n} = {}^{a}\log a^{x \cdot n} = n \cdot x$

z.B. $^{10}\log 32 = {}^{10}\log 2^{5} = 5 \cdot {}^{10}\log 2$

(71) $$^{a}\log \sqrt[n]{u} = \frac{1}{n} \cdot {}^{a}\log u$$ analog (70)

z.B. $^{10}\log \sqrt[5]{7} = \frac{1}{5}\, {}^{10}\log 7$

Dekadische Logarithmen

Basis 10

$$^{10}\log a = \lg a$$ Verkürzende Schreibweise

Näherungswerte von lg a

a	lga	a	lga	a	lga
10	1,0000	40	1,6021	70	1,8451
11	0414	41	6128	71	8513
12	0792	42	6232	72	8573
13	1139	43	6335	73	8633
14	1461	44	6435	74	8692
15	1,1761	45	1,6532	75	1,8751
16	2041	46	6628	76	8808
17	2304	47	6721	77	8865
18	2553	48	6812	78	8921
19	2788	49	6902	79	8976
20	1,3010	50	1,6990	80	1,9031
21	3222	51	7076	81	9085
22	3424	52	7160	82	9138
23	3617	53	7243	83	9191
24	3802	54	7324	84	9243
25	1,3979	55	1,7404	85	1,9294
26	4150	56	7482	86	9345
27	4314	57	7559	87	9395
28	4472	58	7634	88	9445
29	4624	59	7709	89	9494
30	1,4771	60	1,7782	90	1,9542
31	4914	61	7853	91	9590
32	5051	62	7924	92	9638
33	5185	63	7993	93	9685
34	5315	64	8062	94	9731
35	1,5441	65	1,8129	95	1,9777
36	5563	66	8195	96	9823
37	5682	67	8261	97	9868
38	5798	68	8325	98	9912
39	5911	69	8388	99	9956

z.B. $\lg 20 = 1{,}3010\ldots$ (siehe Tab.)

$\lg 2 = \lg \frac{20}{10} = \lg 20 - \lg 10$

$= 1{,}3010\ldots - 1 = 0{,}3010\ldots$

$e = 2{,}718\ 281\ 828\ldots$ (irrational)

${}^{e}\log a = \ln a$ (Logarithmus naturalis)

Übergang zu anderer Basis

$$\boxed{{}^{a}\log x = {}^{a}\log b \cdot {}^{b}\log x}$$

denn $${}^{a}\log x = {}^{a}\log\left(b^{\,{}^{b}\log x}\right)$$

7. Dekadisches und binäres System

Die von uns im täglichen Leben verwendeten Zahlen pflegen wir im dekadischen System darzustellen. Wir benutzen dazu zehn Ziffern, die wir auf „Stellen" plazieren. Die Stellen zählen von rechts nach links (entgegen unseren sonstigen Schreibgewohnheiten, von den Arabern übernommen). Wir erhalten nun die Zahl, indem wir jede Ziffer mit ihrem zugehörigen Stellenwert multiplizieren und dann diese Produkte addieren. Das Einfache daran ist, daß diese Addition nicht ausgerechnet wird, sondern i. a. als Summe gelesen wird (z. B. Vier *und* dreißig). Die Stellenwerte ergeben sich aus den aufsteigenden Zehnerpotenzen. Deswegen wird 10 als Basis dieser Zahldarstellung bezeichnet.

Die Wahl der Basis ist im Grunde genommen gleichgültig. Wir kennen Kulturkreise, in denen andere Basen verwendet wurden. In der modernen Computertechnik wird 2 als Basis be-

Ziffern 0,1,2,3,4,5,6,7,8,9

---

9 3 5
3.|2.|1. Stelle

485678318204 kann nur von rechts beginnend gelesen werden.

Hilfsmittel: Einteilung in Dreiergruppen

485.678.318.204

---

935 : 5 Einer
3 Zehner
9 Hunderter

$935 = 5\cdot 10^0 + 3\cdot 10^1 + 9\cdot 10^2$

[Tausend	10^3]	
Million	10^6	$= (10^6)^1$
[Milliarde	10^9]	
Billion	10^{12}	$= (10^6)^2$
Trillion	10^{18}	$= (10^6)^3$
Quadrillion	10^{24}	$= (10^6)^4$ usw.

Zählen:

O, L, LO, LL, LOO, LOL, ...

0, 1, 2, 3, 4, 5, ...

nutzt, wir nennen die darauf beruhende Zahldarstellung *Dualzahl* bzw. *Binärzahl*. Die zugehörenden zwei Ziffern sind 0 und L. Das Zählen besteht darin, die Stellen nacheinander anzufüllen. Das Verwandeln einer Binärzahl in eine dekadische Zahl geschieht mit Hilfe der Potenzdarstellung. Den umgekehrten Vorgang können wir in einen Algorithmus (schematischer Rechenvorgang) pressen. Das Addieren von Dualzahlen beruht auf den Aufgaben 0 + 0 = 0, 0 + L = L, L + L = L0. Der letzte Zusammenhang entspricht dem Zehnerübertrag bei dekadischen Zahlen. Wir könnten ihn analog als Zweierübertrag bezeichnen. Das Subtrahieren erfolgt nach den gleichen Gesichtspunkten. Da wir nur zwei Ziffern haben, ist das Multiplizieren viel einfacher als bei dekadischen Zahlen.

L · L = L, L · 0 = 0, 0 · 0 = 0. Wir verwenden das Multiplikationsschema, das wir vom dekadischen System her kennen. Die Division verläuft analog. Mit Hilfe der negativen ganzen Exponenten können wir — wie im dekadischen System — Stellen hinter dem Komma schaffen.

Eine Kombination der beiden Systeme wird wegen der leichteren Lesbarkeit der Zahlen häufig benutzt. Wir „verschlüsseln" jede dekadische Stelle durch binäre Zahlen. Damit benötigen wir für jede dekadische Stelle vier binäre „Unterstellen", eine sogenannte *Tetrade*. Diese dualgesetzte dekadische

Binärzahl in dekadische verwandeln

$$LOLLO = 0\cdot2^0+1\cdot2^1+1\cdot2^2+0\cdot2^3+1\cdot2^4$$

$$= 0 + 2 + 4 + 16 = 22$$

Dekadische Zahl in Binärzahl verwandeln

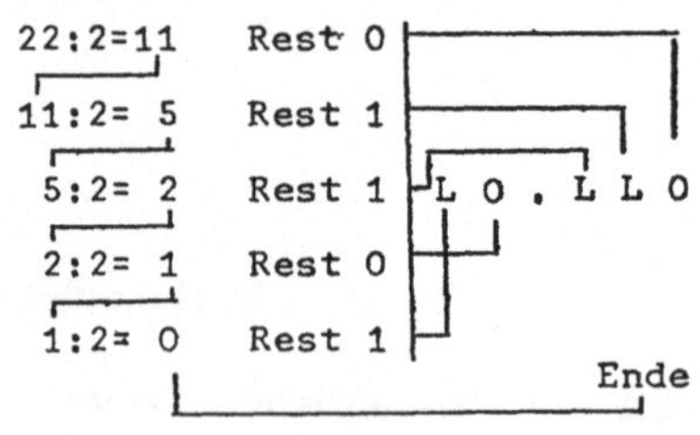

denn:

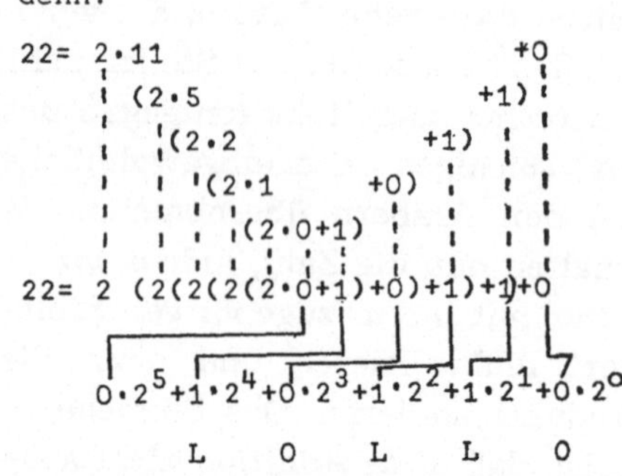

Addition von Binärzahlen

```
      L O L    (= 5)
  +   L L L    (= 7)
    L L L
    L.L O O    (=12)
```

Subtraktion von Binärzahlen

```
    L.L O L    (=13)
  -   L L O    (= 6)
    L L
      L L L    (= 7)
```

Schreibweise wird häufig bei kommerziellen Rechenanlagen verwendet.

Multiplikation von Binärzahlen

```
L O L • L L   5•3=15
    L O L
+ L O L
  L.L L L
```

Division von Binärzahlen

```
  L.L O O : L O = L L O
- L O
    L O          12:2=6
  - L O
      O O
```

Dualgesetzte dekadische Schreibweise

9 = L.O O L höchste dek. Ziffer

```
   9        3        5
L O O L|O O L L|O L O L
(Neunhundertfünfunddreißig)
```

Die Tetraden L O L O = 10
L O L L = 11
L L O O = 12
L L O L = 13
L L L O = 14
L L L L = 15

dürfen nicht vorkommen. (Fehlerkontrolle)

8. Übungen zur Potenzrechnung

1. $\frac{a^4}{b^3} \cdot \frac{a^5}{b^4} \cdot \frac{b^5}{a^7} = a^{4+5-7} \cdot b^{-3-4+5}$

$= a^2 \cdot b^{-2} = \frac{a^2}{b^2} = \left(\frac{a}{b}\right)^2$

2. $\frac{a^4}{b} \cdot \frac{c^5}{b^3} \cdot \frac{b^8}{c} \cdot \frac{a^0}{b^0}$

3. $\frac{a^{-3}}{b^5} \cdot \frac{a^6}{b^4} \cdot \frac{b^{-4}}{a^{-2}}$

4. $(a^{-3})^{-2} \cdot (a^8)^1 = a^6 \cdot a^8 = a^{14}$

5. $(a^{-2})^3 \cdot (a^{-2})^5$

6. $\frac{a^2+1}{a^2} + \frac{a+1}{a} = \frac{a^2+1}{a^2} + \frac{a(a+1)}{a \cdot a}$

$= \frac{a^2+1+a^2+a}{a^2} = \frac{2a^2+a+1}{a^2}$

7. $\frac{a^2-1}{a^3} - \frac{a+1}{a^2}$

8. $\frac{a}{a+1} + \frac{1}{a}$

9. Übungen (Wurzeln, Logarithmen, Binärsystem)

Ermitteln Sie rationale Näherungswerte

1. $\sqrt{0{,}31} = \sqrt{\frac{31}{100}} = \frac{\sqrt{31}}{\sqrt{100}}$ TAB

$= \frac{5{,}568\ldots}{10} = 0{,}5568\ldots$

2. $\sqrt{1200}$ 3. $\sqrt[3]{61000}$

4. $\sqrt{600}$ 5. $\sqrt{6000}$

Lösen Sie die Wurzeln mit Hilfe der Potenzgesetze

6. $\sqrt{25\,x^4} = \sqrt{25} \cdot \sqrt{x^4} = 5 \cdot x^2$

9. $\frac{\sqrt{125}}{\sqrt{5}} = \frac{125^{\frac{1}{2}}}{5^{\frac{1}{2}}} = \left(\frac{125}{5}\right)^{\frac{1}{2}} =$

$25^{\frac{1}{2}} = \sqrt{25} = 5$

7. $\sqrt[3]{1000\,a^6}$ 8. $\sqrt{0{,}01\,a^4 b^2}$

10. $\frac{\sqrt{18}}{\sqrt{2}}$ 11. $\frac{\sqrt{5} \cdot \sqrt{2}}{\sqrt{10}}$

12. $\sqrt{3} \cdot \sqrt{21} \cdot \sqrt{7}$

Bestimmen Sie die Logarithmen (rationale Näherung)

13. ${}^5\log 125 = {}^5\log (5^3) = 3$

14. ${}^4\log 4$ 15. ${}^4\log 1$

16. ${}^3\log \frac{1}{3}$

17. lg 700 = lg 70 + lg 10 (nach TAB) = 1,8451...+1=2,8451... denn 700 = $10^{2,8451...}$	18. lg 6 19. lg 0,3 20. lg 1 21. lg 5000 22. lg 0,17

Logarithmen als Rechenhilfe

23. 2·35 = x lg x = lg 2 + lg 35 in TABELLE nachsehen = 0,3010... + 1,5441... addieren lg x = 1,8451... in TABELLE nachsehen x = 70	24. $x = \frac{860}{37}$ 25. $x = 27^2$ 26. $x = \sqrt[3]{6900}$

Verwandeln Sie (jeweils in das andere System)!

27. L L.O O L = $1 \cdot 2^0 + 1 \cdot 2^3 + 1 \cdot 2^4$ = 25	28. L L O.O L O 29. L.O L O.O L O
30. 38 : 2 = 19 Rest 0 19 : 2 = 9 Rest 1 9 : 2 = 4 Rest 1 4 : 2 = 2 Rest 0 2 : 2 = 1 Rest 0 1 : 2 = 0 Rest 1 38 = L O O.L L O 38 = $1 \cdot 2^1 + 1 \cdot 2^2 + 1 \cdot 2^5$	31. 100 32. 15 33. 0,75

Rechnen Sie im Binärsystem

34. L.L O L + L O L LO.O L O	35. L.O L L − L O L L L O	36. L. L L L + L O L + L L + L 37. L O L.L O L − L L L

38 L L O • L O L L L O O L L O L L.L L O	39. L L.O L L • L.L L O 40. L O.L L L • L.L O L

---

41. L.L L L : L O.L = L L L O L L O L	42. L O.L O L : L L L 43. L O O.O L L : L O L

Lösungen zu den Übungen I. 9

2. -9
3. -39
4. 19
6. $50a - 15ac - 20b + 6bc$
7. $6a - 18b - 7c$
9. $6(1 - 6a + 2b - 3c)$
10. $c(5ab - 10a - 12b)$
12. $\frac{3}{2c}$
13. $\frac{3ac}{7b}$
15. $\frac{a + c}{a - c}$
16. $\frac{5}{3}$
18. $\frac{25c}{10abc}$
19. $\frac{10c}{10abc}$
20. $\frac{40ac}{10abc}$
22. $-\frac{5}{4}$
23. $-\frac{1}{9}$
24. $\frac{65}{24}$
26. $\frac{3}{7b}$
27. $\frac{5b}{3}$
28. $\frac{1}{3}$
30. 2
31. $\frac{6bc}{125}$
32. $\frac{2}{b + 2}$

III. Mengenlehre

1. Cantor-Definition, Gleichheit, Äquivalenz

Die Verwendung des Mengenbegriffs in der modernen Mathematik hat sich als besonders anschaulich erwiesen. Wir wollen uns in diesem Abschnitt mit den wichtigsten Definitionen und Symbolen vertraut machen. Die Vielseitigkeit der Anwendungsmöglichkeiten ergibt sich aus der grundlegenden Definition:

a) Definition der Menge*)

Unter einer Menge verstehen wir eine Zusammenfassung von bestimmten, wohlunterschiedenen Objekten unserer Anschauung oder unseres Denkens. Die genannten Objekte heißen Elemente der Menge.

Bemerkung

Diese Zusammenfassung verschiedener Elemente zu einem Ganzen entspricht dem Prinzip der Systematisierung vieler Wissenschaften. So werden z. B. alle Buchstaben zum Alphabet, alle Tiergattungen zur Fauna, die Töne c, d, e, f, g, a, h, c′ zur C-Dur-Tonleiter zusammengefaßt.

Beispiele für mathematische Mengen:

1) Die Ziffern 0, 1, 2, 3, 4, 5, 6, 7, 8, 9.
2) Alle Punkte, die auf einer bestimmten Geraden liegen.
3) Alle Quadratzahlen.
4) Alle Dreiecke mit dem Flächeninhalt 10 cm^2.
5) Die Primzahlen zwischen 1 und 10.

Wir können diesen Katalog (auch für nicht-mathematische Mengen) beliebig erweitern, falls wir die in der Definition gegebenen Vorschriften beachten: Die Elemente ein und derselben Menge müssen bestimmt und voneinander verschieden sein.

Die Bestimmung der Elemente einer Menge und damit der Menge selbst kann auf zwei (nicht immer streng voneinander zu trennende) Weisen erfolgen:

- Die **Aufzählung (Enumeration)** der Elemente (siehe Beispiel 1 oben).
- Die Bestimmung mit Hilfe einer **gemeinsamen Eigenschaft** (siehe Beispiele 2 bis 5 oben).

Wegen der in der Mathematik üblichen Symbolik verabreden wir folgende Darstellungen:

---

*) Nach G. Cantor, deutscher Mathematiker, 1845 — 1918.

Für eine Menge verwenden wir einen großen Druckbuchstaben, etwa M.

Wollen wir z. B. ausdrücken, daß die Zahl 4 zur Menge M gehört, so schreiben wir:

$$4 \in M$$

Wir lesen: 4 ist Element von M.

Die entsprechende Negation wird ebenfalls oft benötigt:

$$12 \notin M$$

(12 ist kein Element von M)

Die Zusammenfassung der Elemente zur Menge drücken wir durch eine geschweifte Klammer aus, so daß wir die Menge aus Beispiel 1 schreiben:

$$M = \{0, 1, 2, 3, 4, 5, 6, 7, 8, 9\}$$

oder abkürzend (in diesem Falle)

$$M = \{0, 1, 2, 3, \ldots, 9\}$$

da innerhalb dieser Menge ein Ordnungsprinzip erkennbar ist.

Das Gleichheitszeichen wird im üblichen Sinne benutzt.

b) Definition der Mengengleichheit

Wir nennen zwei Mengen gleich, falls sie in allen ihren Elementen übereinstimmen.

Symbolisch: $A = B$

Bemerkung

Es kommt hierbei **nicht** auf die Reihenfolge der Elemente an

$$\{1, 2, 3\} = \{1, 3, 2\} = \{2, 3, 1\} \text{ usw.}$$

Neben der Gleichheit spielt die Äquivalenz der Mengen eine wichtige Rolle.

c) Definition der Mengenäquivalenz

Wir nennen zwei Mengen äquivalent, falls eine umkehrbare eindeutige Zuordnungsmöglichkeit von den Elementen der einen Menge zu den Elementen der anderen Menge besteht.

Bemerkung

Die in der Definition geforderte Zuordnung soll umkehrbar eindeutig sein. Diese Art von Zuordnung stellen wir uns als die folgende Paarbildung vor: Zu jedem Element aus A tritt ein Element aus B, jedes Element kommt nur in einem Paar vor, jedes Element bekommt einen Partner. Diese Zuordnung ist nur möglich, wenn die Elementanzahl der beiden Mengen übereinstimmt. Es gehört zu jedem Element aus A eindeutig ein Element aus B und umgekehrt.

Die Äquivalenz von Mengen wird z. B. bei der Veranschaulichung von Mengen angewendet. Wir ordnen jedem Element der beliebigen Menge M umkehrbar eindeutig einen Punkt der Kreisfläche K zu.

$$M = \{a, b, c, d, \ldots\}$$

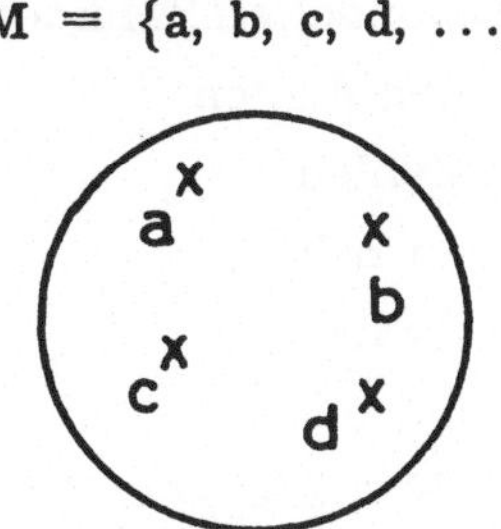

Abb. 1: Venn-Diagramm*) (Euler-Diagramm)**)

Die Kreislinie symbolisiert dabei das Zusammenfassen. Die verwendete Punktmenge heißt Venn-Diagramm (Euler-Diagramm).

In den weiter unten stehenden Darstellungen wollen wir die Zuordnungspunkte nicht mehr einzeichnen, so daß das Venn-Diagramm nur als Kreisfläche (bzw. topologisch verwandte Fläche) erscheint.

2. Teilmenge, Universalmenge, Komplementmenge, Leermenge

Wir benötigen nun zunächst den wichtigen Begriff der Teilmenge.

a) Definition des Enthaltenseins

Die Menge A ist in der Menge B enthalten (A ist Teilmenge von B), falls jedes Element von A auch Element von B ist.

Symbolisch:

$$A \subset B.$$

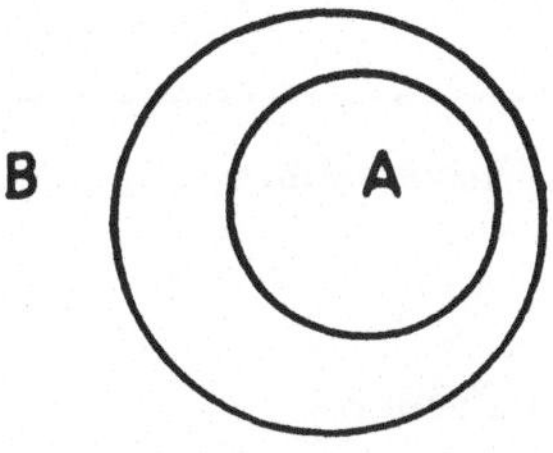

Abb. 2: Venn-Diagramm zu $A \subset B$

Beispiele

1) $A = \{1, 2, 4\}$; $B = \{0, 1, 2, 3, 4\}$

*) Jakob Venn, brit. Mathematiker.

**) Leonhard Euler, schweizer Mathematiker.

2) A : Menge aller Rechtecke
B : Menge aller Vierecke

Die in den Kapiteln I. und II. behandelten Zahlmengen

N Menge der natürlichen Zahlen

Z Menge der ganzen Zahlen

Q Menge der rationalen Zahlen

R Menge der reellen Zahlen

bilden die Teilmengenkette

$$N \subset Z \subset Q \subset R$$

b) Universalmenge

Den äußeren Rahmen einer Untersuchung oder eines Gesprächs oder Ähnliches stecken wir durch die Universalmenge ab. In der Universalmenge sind demnach alle Mengen enthalten, die zu dem betreffenden Problem gehören.

(In der Definitionstechnik wird häufig an Stelle von „Universalmenge" das Wort „Oberbegriff" gebraucht.) Die jeweils zu verwendende Universalmenge ist also problembedingt und meistens schon durch die Überschrift bzw. den Titel gegeben. Im Venn-Diagramm wollen wir für die Universalmenge stets ein Rechteck zeichnen.

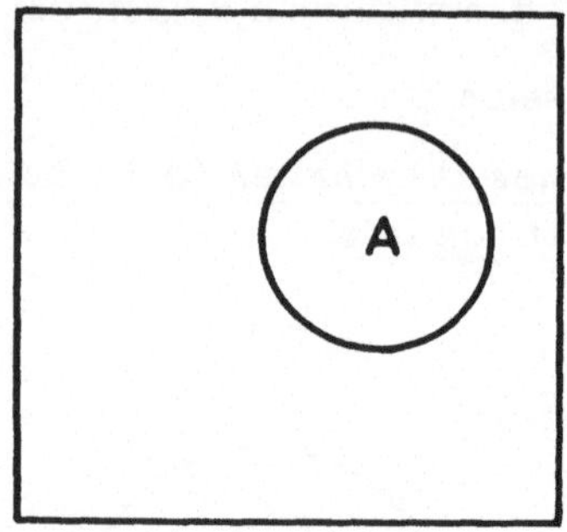

Abb. 3: Universalmenge U mit A ⊂ U

Beispiele

1) U : Menge der ganzen Zahlen
(in der Zahlentheorie)

2) U : Menge der rationalen Zahlen
(in der Bruchrechnung)

3) U : Menge der rechnerischen Fragen von langfristigen Kapitalvorgängen
(in der Finanzmathematik)

c) Komplementmenge

Definition

Unter der Komplementmenge der Menge A verstehen wir die Zusammenfassung a l l e r derjenigen Elemente der Universalmenge, die n i c h t Elemente von A sind, zu einer Menge (symbolisch $\bar{A}$).

Symbolische Fassung:

$$x \in U \quad \text{und} \quad x \notin A, \quad \text{dann} \quad x \in \bar{A}.$$

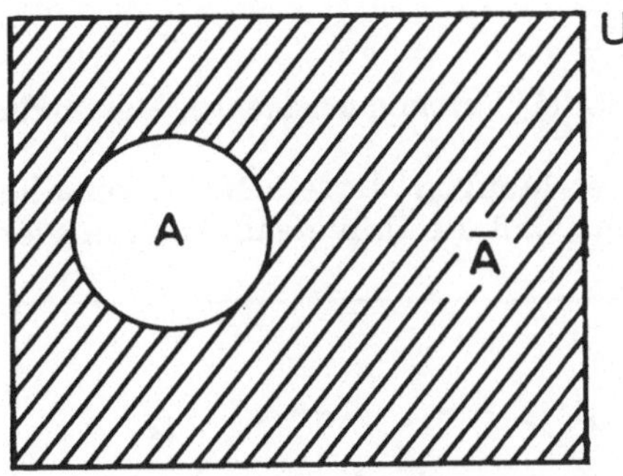

Abb. 4: Venn-Diagramm $\bar{A}$

Bemerkung

Die Mengen A und $\bar{A}$ haben kein gemeinsames Element (wir sagen, sie sind e l e m e n t e f r e m d). Die Elemente von A und von $\bar{A}$ bilden zusammen die Universalmenge.

Ein Element von U ist entweder Element von A oder Element von $\bar{A}$.

Beispiel

$$U = \{1, 2, 3, 4\}$$
$$A = \{1, 2\}$$
$$\bar{A} = \{3, 4\}$$

d) Leermenge

Sind bereits alle Elemente von U auch Elemente von A, so erscheint es zunächst sinnlos, von $\bar{A}$ zu sprechen, denn $\bar{A}$ hat in diesem Falle kein Element. Die Cantor-Definition kennzeichnet ja gerade die Zusammenfassung von Elementen als Menge.

Definition

Wir erweitern nun diese Vorstellung und nennen jede Menge, von der sich herausstellt, daß sie kein Element enthält, die Leermenge.

(Wir verwenden den bestimmten Artikel „die“, weil zwei Leermengen, die zu verschiedenen Gelegenheiten auftreten, nicht zu unterscheiden sind.) Symbolische Bezeichnung für Leermenge: $\emptyset$.

Symbolisch:

$$\overline{U} = \emptyset$$

Bemerkung

Nicht bloß bei der Komplementbildung, sondern schon bei der Bestimmung einer Menge durch die Eigenschaften ihrer Elemente kommen wir zur Leermenge (z. B. die Menge aller negativen Quadrate ganzer Zahlen).

3. Mitgliedstafel, Vereinigungsmenge, Durchschnittsmenge

Betrachten wir nun zwei Mengen derselben Universalmenge. Das zugehörige Venn-Diagramm zeigt uns, daß die Universalmenge in vier Klassen zerfällt.

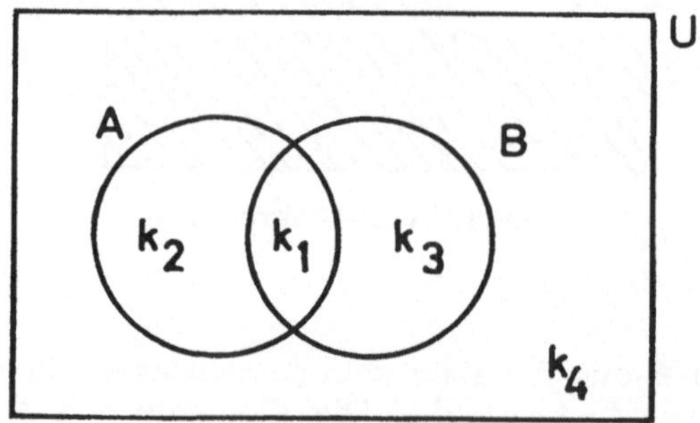

Abb. 5: Venn-Diagramm für zwei Mengen

Diese vier Klassen entsprechen den vier logischen Möglichkeiten für ein Element $x \in U$:

a) Definition der durch zwei Mengen gegebenen Klasseneinteilung

Klasse 1: $x \in A$ und $x \in B$

Klasse 2: $x \in A$ und $x \notin B$

Klasse 3: $x \notin A$ und $x \in B$

Klasse 4: $x \notin A$ und $x \notin B$

Wie wir sehen, schließen sich diese vier Möglichkeiten gegenseitig aus. Ein Element kann entweder*) zu Klasse 1 oder zu Klasse 2 oder zu Klasse 3 oder zu Klasse 4 gehören.

---

*) Eine Aussage, die aus zwei durch „Entweder — oder“ verknüpften Teilaussagen besteht, ist wahr, wenn genau eine der Teilaussagen wahr ist (ausschließendes „oder“). Eine Aussage, die aus zwei durch „oder“ verknüpften Teilaussagen besteht, ist wahr, wenn mindestens eine der Teilaussagen wahr ist (einschließendes „oder“).

Wir fassen die Aufstellung zu einer Tabelle zusammen, die den Namen **Mitgliedstafel** führt.

A	B
$\in$	$\in$
$\in$	$\notin$
$\notin$	$\in$
$\notin$	$\notin$

Jeder Zeile der Mitgliedstafel entspricht eine der vier Klassen.

Zum Beispiel:

U = {1, 2, 3, 4, 5, 6, 7, 8, 9, 10}

A = {1, 3, 5, 7, 9} (die ungeraden Zahlen aus U)

B = {2, 3, 5, 7} (die Primzahlen aus U)

Klasse 1: $K_1 = \{3, 5, 7\}$

Klasse 2: $K_2 = \{1, 9\}$

Klasse 3: $K_3 = \{2\}$

Klasse 4: $K_4 = \{4, 6, 8, 10\}$

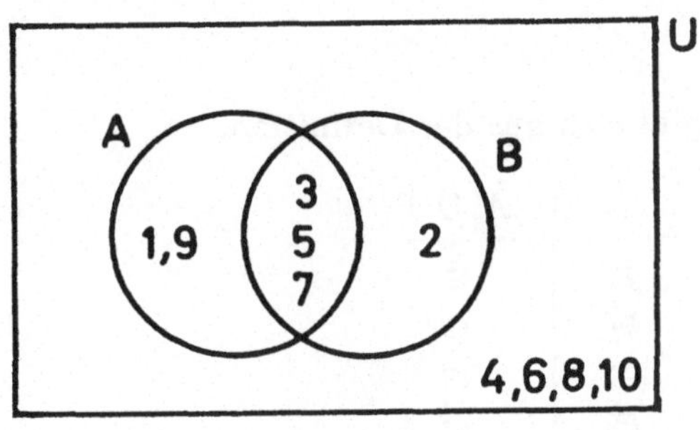

Abb. 6

Mit Hilfe der vier Klassen können wir jetzt die beiden Mengen A und B verknüpfen.

Bemerkung

Unter Verknüpfung zweier mathematischer Objekte verstehen wir den Vorgang, den wir schon vom Rechnen her kennen.

Z. B.

$$3 + 4 = 7$$

Den beiden Objekten 3 und 4 wird vermittels einer Verknüpfungsvorschrift (hier Addition) ein weiteres Objekt 7 als „Resultat" zugeordnet. Das Verknüpfungszeichen + kennzeichnet die Verknüpfungsart.

b) Vereinigungsmenge

Definition

Unter der Vereinigungsmenge der Menge A mit der Menge B verstehen wir die Menge aller Elemente, die Elemente der einen (A) oder) der anderen (B) Menge sind.*

Symbolisch: A ∪ B (gelesen: A vereinigt B)

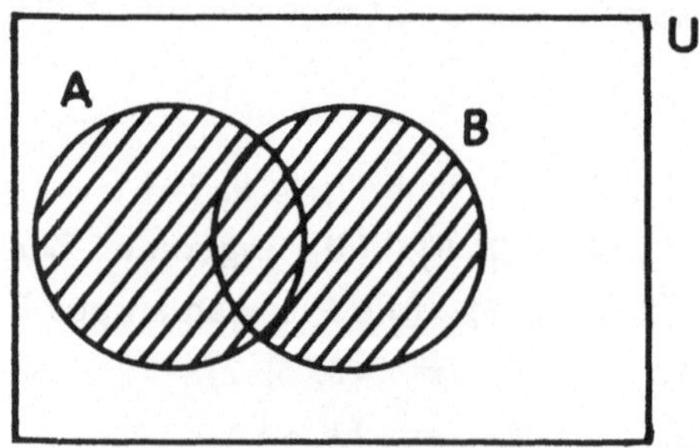

Abb. 7: Vereinigungsmenge A ∪ B

Wir sehen, daß die Menge A ∪ B aus den Elementen der Mengen K_1, K_2, K_3 besteht.

Die Mitgliedstafel ergibt sich aus der Definition:

A	B	A ∪ B
$\in$	$\in$	$\in$
$\in$	$\notin$	$\in$
$\notin$	$\in$	$\in$
$\notin$	$\notin$	$\notin$

Wir lesen diese Tafel zeilenweise (klassenweise).

K_1 : Wenn ein Element in A und in B Mitglied ist, dann ist es auch Mitglied in der Vereinigungsmenge A ∪ B.
Wenn $x \in A$ und $x \in B$, dann $x \in A \cup B$

K_2 : Wenn $x \in A$ und $x \notin B$, dann $x \in A \cup B$

K_3 : Wenn $x \notin A$ und $x \in B$, dann $x \in A \cup B$

K_4 : Wenn $x \notin A$ und $x \notin B$, dann $x \notin A \cup B$

---

*) Einschließendes „oder" (d. h. die Elemente, die entweder aus A oder aus B stammen, und die Elemente, die in beiden Mengen Mitglied sind).

Bemerkung

Mit Hilfe der Definition der Komplementmenge hätten wir auch

$A \cup B = \overline{K_4}$

definieren können, dann hätte aber die Verwendung des Begriffes „Vereinigungsmenge“ nicht unmittelbar eingeleuchtet.

Beispiele

1) $A = \{1, 2, 3, 4\}$
$B = \{2, 4, 6\}$
$A \cup B = \{1, 2, 3, 4, 6\}$

Achtung: Auf Grund der Cantor-Definition darf jedes Element nur einmal vorkommen.

2) $A = \{a, b, c\}$
$B = \{b, c\}$
$A \cup B = \{a, b, c\} = A$

3) $A \cup A = A$

4) $A \cup \emptyset = A$

5) $A = K_1 \cup K_2$

6) $A \cup B = K_1 \cup K_2 \cup K_3$

7) $A \cup \overline{B} = K_1 \cup K_2 \cup K_4$

8) $\overline{A \cup B} = K_4$

c) Durchschnittsmenge

Definition:

Unter der Durchschnittsmenge (kurz: Durchschnitt) zweier Mengen verstehen wir die Menge aller Elemente, die Elemente der einen und) der anderen Menge sind.*

Symbolisch: $A \cap B$ (gelesen: A geschnitten mit B)

---

*) Logische Verknüpfung zweier Aussagen durch **und**: Eine Aussage, die aus zwei durch „und“ verbundene Teilaussagen gebildet wird, ist nur wahr, wenn beide Teilaussagen wahr sind.

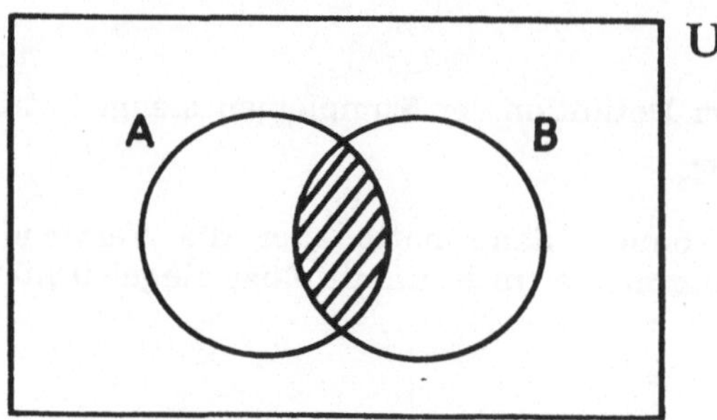

Abb. 8: Durchschnitt $A \cap B$

Wir sehen, daß die Beziehung gilt

$$A \cap B = K_1$$

Somit ergibt sich die folgende Mitgliedstafel:

A	B	$A \cap B$
$\in$	$\in$	$\in$
$\in$	$\notin$	$\notin$
$\notin$	$\in$	$\notin$
$\notin$	$\notin$	$\notin$

Beispiele

1) $A = \{1, 2, 3, 4\}$
$B = \{2, 4, 6, 8\}$
$A \cap B = \{2, 4\}$

2) $A \cap A = A$

3) $A \cap \emptyset = \emptyset$

4) $A \cap \bar{B} = K_2$

5) $\overline{A \cap B} = K_2 \cup K_3 \cup K_4$

6) $K_1 \cap K_2 = \emptyset$
$K_1 \cap K_3 = \emptyset$
$K_1 \cap K_4 = \emptyset$ usw.
(Die vier Klassen K_1, K_3, K_4 sind elementefremd.)

4. Relation und Funktion

Betrachten wir nun die elementweise Zuordnung zweier Mengen X und Y. Eine Zuordnungsvorschrift bestimmt eine Paarbildung dahingehend, daß in jedem Paar ein Element x aus X (an 1. Stelle) und ein Element y aus Y (an

2. Stelle) vertreten ist. Eine Paarbildung (x, y) dieser Art bezeichnen wir als **Relation** zwischen X und Y.

Ein Beispiel, das gleichzeitig verdeutlichen soll, daß die beiden Mengen X und Y gleich sein können, ist die Zuordnungsvorschrift innerhalb eines Betriebes: „x hat als Untergebenen y" (die Zahlen stellen wir uns als Personalnummer vor): (1, 2); (1, 3); (1, 4); (1, 5); (2, 4); (2, 5).

Für viele Fälle ist eine graphische Darstellung (Graph) der Relation im kartesischen Koordinatensystem von Bedeutung. Es werden auf zwei (i. a. senkrecht zueinander verlaufenden) „Achsen" die Elemente der beiden Mengen X und Y abgetragen. Das Paar (x, y) erscheint dann als Punkt mit den Koordinaten x (Abszisse) und y (Ordinate). Diese Art der Veranschaulichung ist besonders übersichtlich, falls die Elemente der beiden Mengen X und Y Zahlen sind.

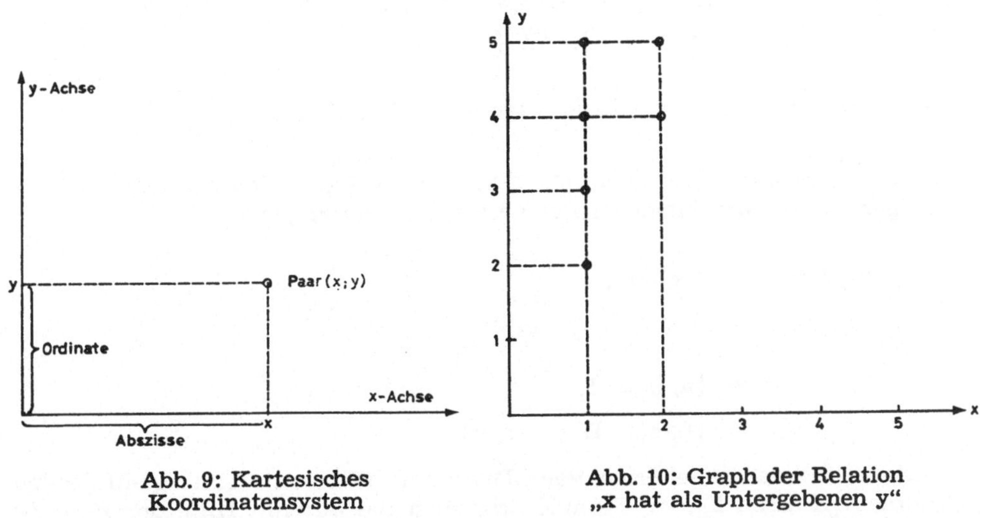

Abb. 9: Kartesisches Koordinatensystem

Abb. 10: Graph der Relation „x hat als Untergebenen y"

Vertauschen wir bei den Paaren einer gegebenen Relation die beiden Partner, so gelangen wir zur inversen Relation. Für das obenstehende Beispiel ergibt sich die Zuordnungsvorschrift „x hat als Vorgesetzten y".

Eine besondere Relation ist von außerordentlicher Wichtigkeit und nimmt in der Mathematik einen breiten Raum ein. Wir verlangen jetzt von der Zuordnungsvorschrift Eindeutigkeit in dem Sinne, daß durch die Wahl des x-Elementes des Paares genau ein Paar bestimmt ist. Oder anders formuliert: Die Anzahl der Paare ist dahingehend begrenzt, daß zu jedem x-Element nur ein y-Element gehört. Eine Relation, die auf diese Weise beschränkt ist, heißt **Funktion**. Die Menge X heißt im Falle der Funktion Definitionsmenge, die Menge Y Wertemenge. Als Beispiel einer nicht mathematischen Funktion soll uns die Relation „x hat als Vater y" dienen (X und Y wäre dann sinngemäß die Menge aller Menschen). Bilden wir von dieser Relation die inverse Relation, erhalten wir die Relation „x hat entweder als Sohn oder Tochter y". Diese Relation ist keine Funktion! Betrachten wir jedoch die mathematische Funktion „x hat als Doppeltes y", so ist die inverse Relation „x hat als Hälfte y" ebenfalls eine Funktion. Wir sprechen in diesem Fall von einer umkehrbar eindeutigen Funktion (Bijektion).

Einige der wichtigsten mathematischen Funktionen wollen wir im nächsten Kapitel untersuchen.

5. Übungen zur Mengenlehre

1. Handelt es sich bei den folgenden Beispielen um Mengen? Welche der als Mengen identifizierten Beispiele sind gleich, welche äquivalent?

   I $\{1, 2, 3, 4\}$, II $\{1, 2, 1, 2\}$, III $\{a, b, c, d\}$,

   IV $\{1, 3, 2, 4\}$, V $\{d, b, c, d\}$, VI $\{a, d, x, y\}$.

2. Geben Sie alle Teilmengen der Menge $M = \{1, 2, 3\}$ an!

3. Die Universalmenge sei $U = \{1, 2, 3\}$. Geben Sie zu den gefundenen Teilmengen aus Ü 2 die entsprechenden Komplementmengen an!

4. Was bedeutet die Beziehung

$$\overline{\overline{A}} = A?$$

5.
$$U = \{a, b, c, d\}$$
$$A = \{b, c\}, \quad B = \{c, d\}$$

   Zeichnen Sie das zugehörige Venn-Diagramm (Elemente eintragen)! Stellen Sie die 4 Klassen $K_1, \ldots, K_4$ auf! Schreiben Sie nur mit Hilfe der Bezeichnungen A, B, $\overline{}$ (Komplement), $\cap$, $\cup$ die Mengen:

   $\{c\}$, $\{a\}$, $\{a, b\}$, $\{a, d\}$, $\{a, c\}$, $\{a, b, c\}$, $\{a, b, d\}$, $\{b, c, d\}$, $\{a, b, c, d\}$!

6. Zeigen Sie mit Hilfe von zwei Mitgliedstafeln (je eine für jede Seite der folgenden Gleichung)

$$\overline{A} \cap \overline{B} = \overline{A \cup B}$$

   (Gesetz von De Morgan)!

7. Wieviel Klassen ergeben sich, falls 3 Mengen A, B, C auftreten?

8. Zeigen Sie, daß die Mengen $A \cap B$ und $\overline{A \cup B}$ elementefremd sind!

9. Gegeben sind die Relationen

I: x führt um 1 vermehrt zu y.
II: x hat als Quadrat y.
III: x ergibt durch Fortlassen des Vorzeichens y.

Als X und Y verwenden wir die Menge der ganzen Zahlen.

a) Bilden Sie die Paare, die zu $x \in \{-2, -1, 0, 1, 2\}$ gehören!

b) Handelt es sich bei diesen Relationen um Funktionen?

c) Bilden Sie die jeweiligen inversen Relationen!

d) Handelt es sich bei den unter c) gebildeten Relationen um Funktionen?

Lösungen zu den Übunger

2. $a^4b^4c^4 = (abc)^4$

3. $\frac{a^5}{b^{13}} = a^5b^{-13}$

5. $a^{-16} = \frac{1}{a^{16}}$

7. $\frac{-1-a}{a^3} = -\frac{1+a}{a^3}$

8. $\frac{a^2+a+1}{a(a+1)} = \frac{a^2+a+1}{a^2+a}$

(Lösungen unter Benutzung der im Text abgedruckten Tabellen)

2. 34,64 ...
3. 39,36 ...
4. 24,49 ...
5. 77,46 ...
7. $10a^2$
8. $0{,}1a^2b$
10. 3
11. 1
12. 21
14. 1
15. 0
16. — 1
18. 0,7782 ...
19. — 0,5229 ...
20. 0
21. 3,6990 ...
22. — 0,7696 ...
24. lg x = 1,3663 ...
    x = 23, ...
25. lg x = 2,8628 ...
    x = 100 · 7,3 ...
26. lg x = 1,2796 ...
    x = 10 · 1,9 ...
28. 50
29. 82
31. L.LOO.LOO
32. L.LLL
33. O,LL
36. LL.OOO
37. LOO.LLO
39. LOL.LLL.OLO
40. LOO.LOL.OLL
42. LL
43. LLL

IV. Elementare mathematische Funktionen

1. Variable, Funktionsgleichung

Um das Wesen einer Funktion näher zu erfassen, wollen wir in diesem Kapitel einige Beispiele betrachten, die sich dadurch auszeichnen, daß erstens die beteiligten Mengen nur Zahlen enthalten und zweitens die Zuordnungsvorschrift aus einer einfachen algebraischen Verknüpfung besteht.

Wir verstehen unter einer Funktion eine Paarbildung dergestalt, daß zu jedem x aus der Menge X (Definitionsmenge) genau im Element y aus der Menge Y (Wertmenge) vermittels der Zuordnungsvorschrift gesetzt wird. Da i.a. die Menge X aus vielen Elementen besteht, die auf Grund der Mengendefinition von einander verschieden sind, wird — bis alle Paare gebildet sind — jedesmal ein anderes x berücksichtigt. Diese Eigenschaft der Variabilität wird für x als Fachausdruck verwendet: x heißt Variable (Veränderliche). Mit anderen Worten: x „durchläuft" alle Werte der Elemente von X. In demselben Sinne bezeichnen wir y ebenfalls als Variable. Um den definitorischen Ablauf bei der Paarbildung zu betonen (zunächst wird ein Wert für x herausgegriffen, dann der zugehörige Wert von y mit Hilfe der Zuordnungsvorschrift ermittelt) heißt x unabhängige Variable und y abhängige Variable.

Als Beispiel möge uns die Funktion „x hat als Doppeltes y" dienen. Wählen wir x = 1, ergibt sich y = 2 usw. Das Festhalten der gebildeten Paare geschieht häufig in Tabellenform:

x	1	2	3	4	5	
y	2	4	6	8	10	usw.

Die Zuordnungsvorschrift läßt sich bei unserem Beispiel algebraisch in der sogenannten **Funktionsgleichung** ausdrücken:

$$y = 2x$$

Wir müssen uns daran gewöhnen, diese Gleichung in folgendem Sinne zu lesen: Wir erhalten y, indem wir (das gewählte) x mit 2 multiplizieren. Bei den mathematischen Funktionen hat die Funktionsgleichung eine dominierende Bedeutung. Sie gibt im konkreten Fall an, welcher mathematische Zusammenhang zwischen den beiden Partnern eines jeden Paares der Funktion besteht.

Die Wesensart der Mathematik zur Abstraktion mittels Symbolik zeigt sich auch hier: Wir schreiben als **allgemeine Funktionsgleichung:**

$$y = f(x)$$

(und lesen: „y gleich f von x" oder „y ist eine Funktion von x"). Dabei symbolisiert f ( ) denjenigen Vorgang (Zuordnungsvorschrift), der den gewählten x-Wert zum zugehörigen y-Wert „umarbeitet". (In diesem Sinne können wir uns jede Funktion als eine Maschine vorstellen, die als Eingang x-Werte verwendet und als Ausgang die dazugehörenden y-Werte fabriziert.) Für das oben angeführte Beispiel steht f ( ) für „2 mal".

Eine Funktion ist demnach festgelegt (definiert), wenn wir den Gültigkeitsbereich (Definitionsmenge X) und die Funktionsgleichung y = f (x) angeben. (Die Wertemenge Y ergibt sich durch die Zuordnungsvorschrift.)

2. Konstante

Hat die Menge, aus der die Werte für eine Variable entnommen werden, nur ein Element, so läßt sich der Name Variable nicht mehr aufrechterhalten, wir sprechen in diesem Falle von einer **Konstanten.**

Beispiel

$$X = R \text{ (Alle reellen Zahlen)}; \; Y = \{3\}$$

Paarbildung

x	0	-1,1	$\sqrt{7}$	0,003	3
y	3	3	3	3	3

usw.

Funktionsgleichung: y = 3

(Wir sehen, y bleibt fest, wie groß auch x gewählt wird.)

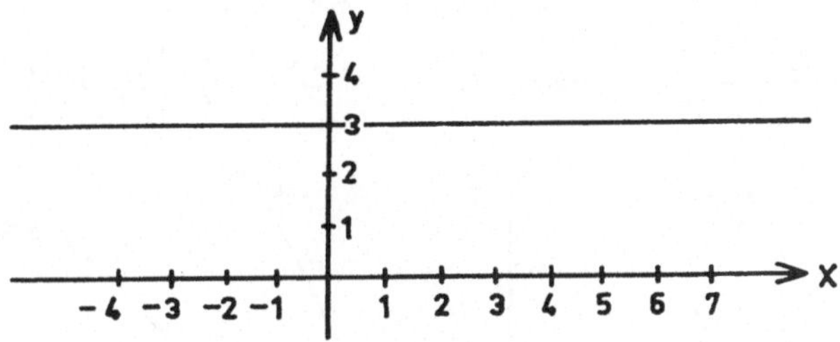

Abb. 11: Graph von y = 3

Die zu den Paaren gehörenden Punkte liegen so dicht, daß sie eine Gerade bilden.

Als Beispiel aus der Praxis vergegenwärtigen wir uns hierzu die fixen Kosten. Wollen wir das Vorliegen einer derartigen Funktion symbolisiert ausdrücken, so schreiben wir

(1) $$y = \text{konst. oder einfacher } y = a.$$

Dabei werden meist für eine Konstante die Buchstaben am Anfang des Alphabets (für Variable die Buchstaben vom Ende) benutzt.

3. Proportion, Parameter

Ist eine Ware nur in „Portionen" (gleichgroße Quanten) verkäuflich und ist der Preis einer Portion (Einheitspreis) eine Konstante a (nicht variabel mit der Anzahl x der verkauften Portionen), so errechnet sich der Gesamtpreis y aus a · x, da pro Portion der Preis a beträgt. Wir ersehen aus diesem Beispiel, daß hier die Funktion

$$y = a \cdot x;\ x \varepsilon Z,\ x \geqq 0,\ a > 0$$

(x natürliche Zahl einschl. Null) vorliegt.

Generell nennen wir jede Funktion mit der Funktionsgleichung

(1) $$y = f(x) = ax \text{ mit } a = \text{konst. } a \neq 0$$

eine Proportion. (Die oberen Einschränkungen hinsichtlich x waren wegen des speziellen Beispiels notwendig.) a heißt Proportionalitätsfaktor.

Zahlenbeispiele X = R (alle reellen Zahlen):

I a=1 — $y=x$

x	0	±1	±2	
y	0	±1	±2	usw.

II a=2 — $y=2x$

x	0	±1	±2	±3	
y	0	±2	±4	±6	usw.

III $a=\frac{1}{2}$ — $y=\frac{1}{2}x$

x	0	±1	±2	±3	
y	0	±0,5	±1	±1,5	usw.

IV a=-1 — $y=-x$

x	0	±1	±2	±3	
y	0	∓1	∓2	∓3	usw.

V a=-2 — $y=-2x$

x	0	±1	±2	±3	
y	0	∓2	∓4	∓6	usw.

VI $a=-\frac{1}{2}$ — $y=-\frac{1}{2}x$

x	0	±1	±2	±3	
y	0	∓0,5	∓1	∓1,5	usw.

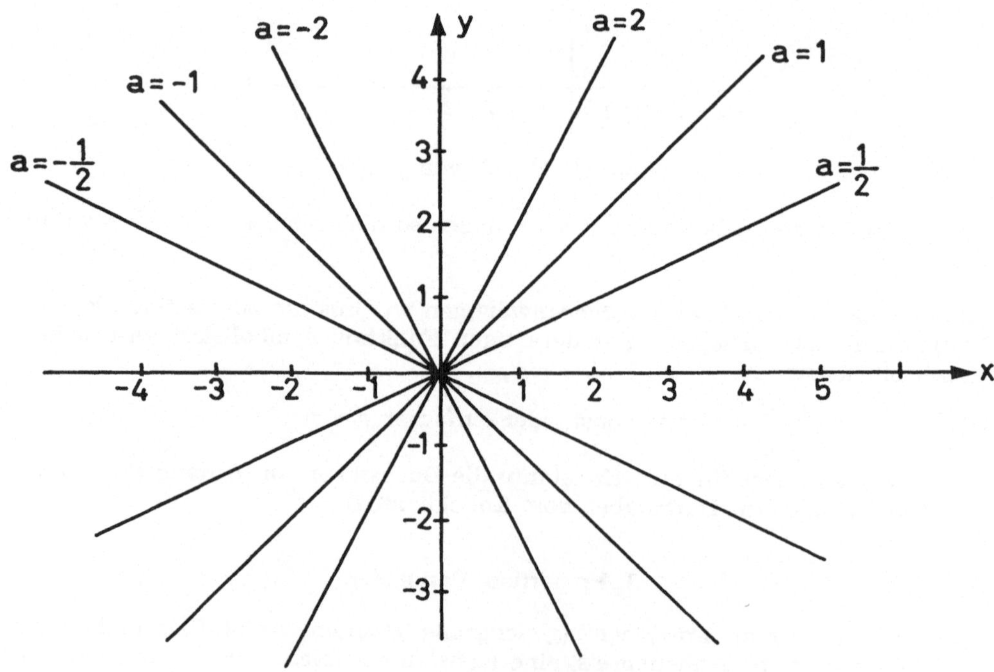

Abb. 12: Nullpunktgeraden

Als Graphen erhalten wir jeweils eine Gerade, die durch den Nullpunkt des Koordinatensystems verläuft.

Ist der Proportionalitätsfaktor a **positiv**, sprechen wir von einer **steigenden Geraden**, ist a **negativ** von einer **fallenden**. Der Betrag von a gibt dabei über die Größe des Anstiegs bzw. Gefälles Auskunft. Fassen wir Gefälle als negativen Anstieg auf, so sehen wir, daß es sinnvoll ist, den Proportionalitätsfaktor a auch als **Anstieg** der zu y = ax gehörenden Geraden zu bezeichnen.

Häufig wird als ein weiteres Steigungsmaß der Steigungswinkel α benutzt. α ist das Maß für diejenige Drehung der positiven x-Achse um den Nullpunkt entgegengesetzt dem Uhrzeigersinn (d. i. „mathematisch positive Drehung“), die die x-Achse mit der Geraden zusammenfallen läßt. Dabei gilt die Einschränkung $0° \leqq \alpha < 180°$.

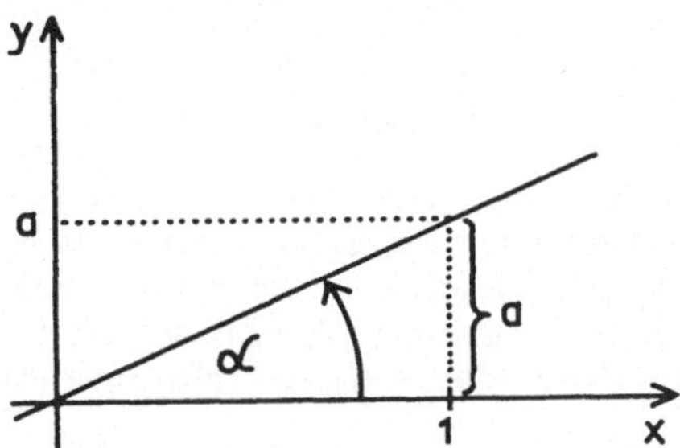

Abb. 13: Steigungswinkel α

Der Zusammenhang dieser beiden Steigungsmaße wird durch die Tangensfunktion vermittelt. Eine Tabelle hierzu finden wir in der Regel in einer „Logarithmentafel“. Die Tangensfunktion bildet also Paare aus Anstieg a und Steigungswinkel α. Die symbolische Funktionsgleichung lautet dann

(2) $$a = \tan \alpha.$$

Wegen der Häufigkeit der Proportion in vielen Gebieten (Wirtschaft, Naturwissenschaft, Technik) haben sich unterschiedliche Ausdrucksweisen für den gleichen Zusammenhang entwickelt. Wir sagen: Der Preis ist der Quantität **proportional** (mitunter), Beschleunigung und beschleunigende Kraft **wachsen im gleichen Verhältnis**, zwischen Gewicht und Volumen eines Körpers **besteht Proportionalität**. Es ist sogar ein eigenes Zeichen in Gebrauch:

$$y \sim x$$

(lies: y ist proportional x)

Wie wir an den Beispielen sehen, unterscheiden sich die jeweiligen Proportionen durch ihren Proportionalitätsfaktor a, der die verschiedensten Werte annehmen kann. Dabei ist zu beachten, daß für jede einzelne Proportion a gemäß der Definition (1) konstant ist.

Betrachten wir also eine einzelne Proportion, so ist a eine **Konstante**, betrachten wir dagegen **alle** Proportionen, so ist a eine **Variable**. Eine

Größe dieser Art, die in einem engen Gebiet konstant, in einem weiteren Rahmen aber variabel ist, nennen wir **P a r a m e t e r.**

Um den Wert des Parameters einer konkreten Proportion zu bestimmen, genügt ein Wertepaar (x, y) $\neq$ (0, 0). Wir können nämlich die Gleichung (1) in der folgenden Form schreiben:

(3)
$$\frac{y}{x} = a$$

Setzen wir jetzt die Werte von x und y ein, so erhalten wir a. Betrachten wir diesen Vorgang an der Abb. 12, so ist zu sehen, daß wir außer dem Nullpunkt nur einen Punkt (x, y) $\neq$ (0, 0) benötigen, um eine der möglichen Geraden herauszugreifen.

Zahlenbeispiel:

$$(x, y) = (4/2) \;/ a = 0{,}5.$$

Der funktionale Zusammenhang „Proportion" wird bereits Schulkindern mit Hilfe der sogenannten Dreisatzaufgaben vermittelt. Wir erinnern uns an Aufgaben wie z. B.: Für 2,— DM bekommt man 8 Eier, wieviel bekommt man für 5,— DM? Da jedes Paar (x, y) gemäß (3) zum selben Proportionalitätsfaktor a führt, können die beiden Paare der Aufgabe (2/8) und (5/y) in der „Proportion" geschrieben werden:

$$a = \frac{8}{2} = \frac{y}{5} \qquad \text{d. h.} \qquad y = 20$$

4. Lineare Funktion

Eine Funktion mit der Funktionsgleichung

(1) $$y = ax + b \qquad (a \neq 0)$$

heißt lineare Funktion. ax heißt **l i n e a r e s G l i e d**, b heißt **a b s o l u t e s** oder **k o n s t a n t e s G l i e d.**

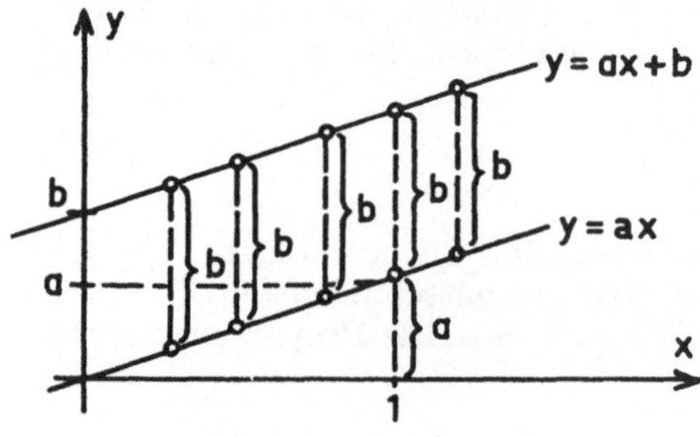

Abb. 14: Ordinatenaddition

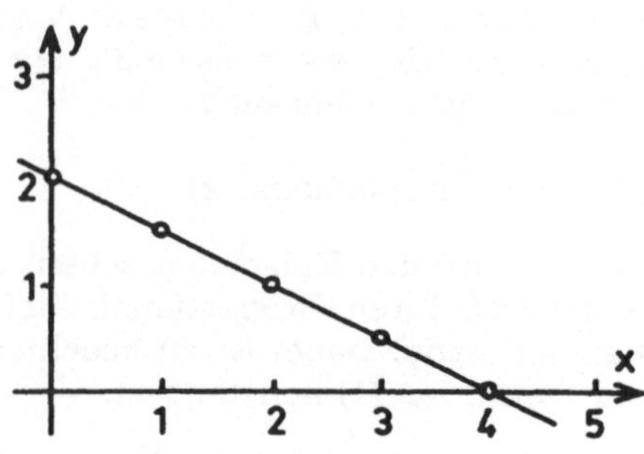

Abb. 15: $y = 0{,}5x + 2$

(Für b = 0 ergibt sich die unter 3. behandelte Proportion.)

Daß wir als Graph (falls X = R) wieder eine Gerade erhalten, die parallel zu der zu y = ax gehörenden verläuft, können wir uns klarmachen, indem wir die Berechnung der y-Werte bei gegebenen Werten für a und b in zwei Stufen vornehmen. Nachdem wir einen Wert für x gewählt haben, berechnen wir ax, dann addieren wir b. Die Punkte (x, ax) bilden nun die Gerade y = ax. Die Punkte (x, ax + b) liegen alle um b „höher", als die entsprechenden auf y = ax. (Wir lassen von jetzt an, wenn keine Irrtümer zu befürchten sind, die Bezeichnung „die Gerade bzw. Kurve, die zu der Funktionsgleichung ... gehört", fort). Also ist y = ax + b eine zu y = ax parallele Gerade. Nun ist auch die geometrische Bedeutung der beiden Parameter a und b klar:

a *gibt den Anstieg der Geraden an,*

b *ist die Ordinate (y-Wert) des Schnittpunktes der Geraden mit der y-Achse.*

Das letztere können wir an der Abb. 14 ablesen, in dem die oben beschriebene Addition zur Bildung des y-Wertes dargestellt ist. Zur Zeichnung einer Geraden bei gegebener Funktionsgleichung genügt es, wie bisher, die Werte der Tabelle in das Koordinatensystem zu übertragen.

Zahlenbeispiel (siehe Abb. 15):

$$y = -0{,}5\,x + 2$$

x	0	1	2	3	4
y	2	1,5	1	0,5	0

Natürlich benötigen wir wieder nur zwei Punkte, um die zugehörige Gerade zeichnen zu können. Analog reichen zwei Wertepaare aus, falls wir die unbekannten Parameter a und b einer gesuchten linearen Funktion bestimmen wollen. Wir führen zunächst die Bestimmung von a auf das unter 3. praktizierte Verfahren zurück. Von den beiden die Gerade fixierenden Punkten P und Q benutzen wir P als Nullpunkt eines neuen Koordinatensystems, dessen Achsen zu denen des alten Systems gleichsinnig parallel verlaufen. Dann ist α sowohl im alten wie im neuen System Steigungswinkel der Geraden (Stufenwinkel an Parallelen). Die Variablen des neuen Systems nennen wir Δ x*) (lies

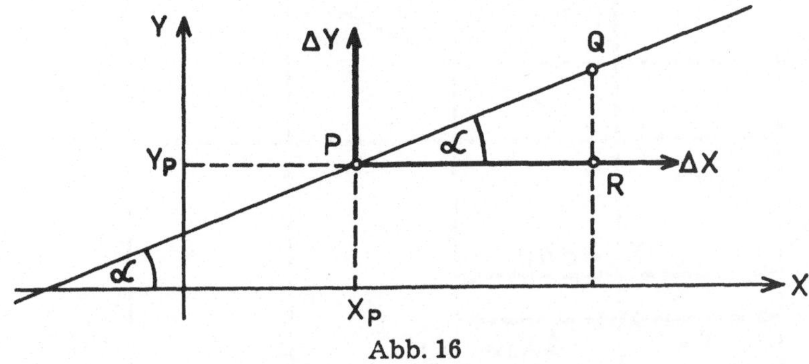

Abb. 16

*) Δ x ist trotz der beiden Zeichen „Δ" und „x" nur eine Größe, es heißt keineswegs Δ mal x. Das „Δ" (griechischer Großbuchstabe) wurde wegen der Beziehungen (3) gewählt.

Delta x) und Δ y. Jeder Punkt Q der Geraden kann somit durch zwei Paare beschrieben werden, entweder durch Angabe der Werte von (x, y) oder, nachdem ein Punkt P der Geraden als Nullpunkt des neuen Systems ausgewählt wurde, mit Hilfe von (Δ x, Δ y). Da wir bei diesem Problem den Punkt P vor allen Geradenpunkten bevorzugen, kennzeichnen wir seine Koordinaten durch einen Index (x_p, y_p). x_p und y_p haben hierbei den Charakter eines Parameters. Punkt Q ist Stellvertreter für alle Geradenpunkte (auch für P), deshalb verwenden wir für ihn die üblichen Koordinatenbezeichnungen (x, y) bzw. (Δ x, Δ y). Diese vier Größen sind Variable. Das rechtwinklige Dreieck P Q R nennen wir **Steigungsdreieck**. Welche Geradenpunkte P und Q (Q $\neq$ P) wir auch immer verwenden, stets liegt bei P der Steigungswinkel α und stets gilt für das Verhältnis der Katheten (siehe auch Abb. 17).

$$\frac{\Delta y}{\Delta x} = \tan \alpha \tag{2}$$

Zahlenbeispiel:

Wir gehen aus von $y = \frac{1}{2}x + 1$ und P (1/1,5). Daraus läßt sich die folgende Tabelle aufstellen:

Punkt	P	Q1	Q2	Q3	usw.	Vorgang
x	1	2	3	4	...	1. Unabhängige Wahl von x_Q
y	1,5	2	2,5	3	...	2. Berechnung gemäß $y = \frac{1}{2}x + 1$
Δx	0	1	2	3	...	3. Berechnung gemäß (3)
Δy	0	0,5	1	1,5	...	4. Berechnung gemäß (3)

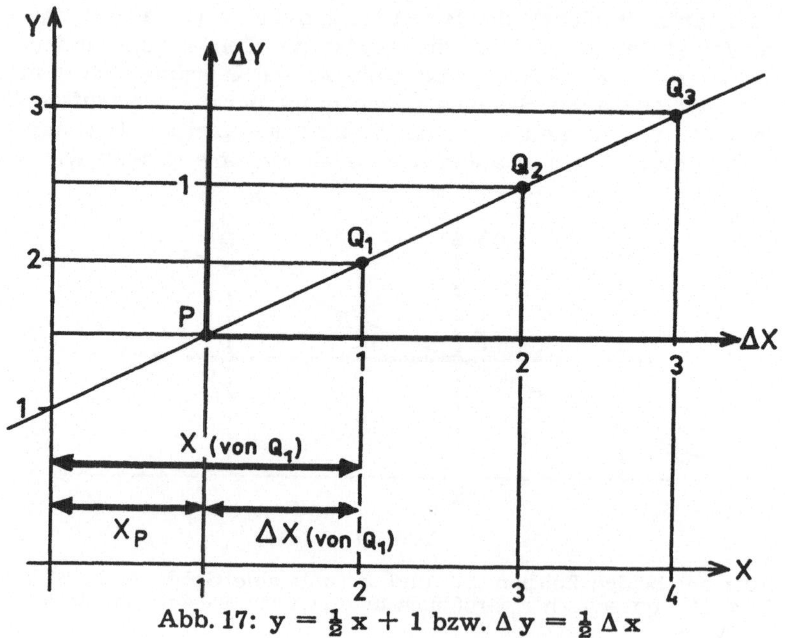

Abb. 17: $y = \frac{1}{2}x + 1$ bzw. $\Delta y = \frac{1}{2}\Delta x$

Der Zusammenhang der beiden Lagebeschreibungen (x, y) und (Δx, Δy) ist aus dem Zahlenbeispiel ersichtlich: Die Abszisse x eines Punktes Q im (x, y)-System können wir uns in $x_p + \Delta x$ (analog y) aufgeteilt denken.

Deswegen gelten die Umrechnungen

$$\Delta x = x - x_p$$

(3) $$\Delta y = y - y_p$$

Anhand Abb. 17 erkennen wir obendrein, daß die Gleichung der gegebenen Geraden im (Δx, Δy)-System die Proportion

$$\Delta y = \tfrac{1}{2} \Delta x$$

ist. Dieses Ergebnis können wir auch mit Hilfe von (3) ermitteln:

$$\begin{aligned}\Delta y &= y - y_p = (\tfrac{1}{2} x + 1) - (\tfrac{1}{2} x_p + 1)\\ &= \tfrac{1}{2} x - \tfrac{1}{2} x_p = \tfrac{1}{2} (x - x_p) = \tfrac{1}{2} \Delta x\end{aligned}$$

Das soeben beschriebene Verfahren zur Ermittlung des Anstiegs ist besonders wichtig, da es die rechnerische Grundlage für die später zu behandelnde Differentialrechnung darstellt. Wir fassen daher noch einmal zusammen: Wir benötigen die Koordinaten zweier Geradenpunkte P (x_p, y_p) und Q (x, y), dann ergibt sich der Anstieg a der Geraden $y = ax + b$ gemäß (2) und (3) zu

$$a = \tan \alpha = \frac{\Delta y}{\Delta x} = \frac{y - y_p}{x - x_p}$$

Zahlenbeispiele:

1. Gegeben sind P (7/3) und Q (5/— 1). Es folgt $\frac{\Delta y}{\Delta x} = \frac{-1-3}{5-7} = 2.$

2. Gegeben sind P (— 5/1) und Q (4/— 2). Es folgt $\frac{\Delta y}{\Delta x} = \frac{-2-1}{4+5} = -\frac{1}{3}.$

Die Ermittlung des unbekannten Parameters b der Geraden $y = ax + b$ bereitet uns keine Schwierigkeiten mehr. Haben wir mit Hilfe der Koordinaten der Punkte P und Q den Wert für a berechnet (vgl. oben 1. Beispiel), so lautet unsere Funktionsgleichung

$$y = 2x + b.$$

Setzen wir $x = 7$, muß sich gemäß der Aufgabe $y = 3$ ergeben, denn P hat die Koordinaten (7/3). Also gilt

$$3 = 2 \cdot 7 + b.$$

Mithin erhalten wir $b = -11$. Wir hätten hierfür auch den Punkt Q (5/— 1) verwenden können:

$$-1 = 2 \cdot 5 + b,$$

5. Umgekehrte Proportionalität

In Abschnitt 3. haben wir uns daran erinnert, daß die Proportionalität die Grundlage der Dreisatzrechnung darstellt. Nun gibt es aber gewisse Aufgaben, die unter der Überschrift „umgekehrtes Verhältnis" behandelt werden. Die beiden beteiligten Variablen wachsen nicht im gleichen Verhältnis, wie etwa Preis und Menge, sondern während die eine Variable wächst, ist es bei der anderen umgekehrt: sie fällt. Die Verwandtschaft zur Proportion besteht darin, daß dieselbe Zahl als Faktor (größer als 1) die eine Variable vermehrt, die andere Variable als Divisor verkleinert.

Zum Beispiel:

Bei Einsatz von 1 Maschine dauert es 10 Stunden
Bei Einsatz von 2 Maschinen dauert es 5 Stunden
Bei Einsatz von 5 Maschinen dauert es 2 Stunden
Bei Einsatz von 10 Maschinen dauert es 1 Stunde

(um eine bestimmte Menge zu produzieren).

Die Veränderung wird aufgehoben, falls wir die beiden Variablen miteinander multiplizieren, denn der „Vergrößerungsfaktor" wird vom „Verkleinerungsdivisor" ausgeglichen. Wir erhalten ein konstantes Produkt der beiden Variablen. Bei dem angeführten Beispiel kommen wir zur konstanten Zahl von 10 Maschinenstunden. Verwenden wir wieder die Bezeichnungen x und y, so erhalten wir als Funktionsgleichung

$$(1) \qquad x \cdot y = a \qquad \text{bzw. } y = \frac{a}{x}$$

(Wir sehen, daß in der Definitionsmenge X das Element Null nicht vorkommen darf.)

Wenden wir uns nun einem mathematischen Beispiel zu.

Beispiel:

$$y = \frac{1}{x}; \text{ x reelle Zahl, } x \neq 0.$$

x	$\pm 0,25$	$\pm 0,5$	± 1	± 2	± 4
y	± 4	± 2	± 1	$\pm 0,5$	$\pm 0,25$

Die entstandene Kurve heißt Hyperbel und besteht aus zwei „Ästen", da es für $x = 0$ keinen Kurvenpunkt gibt. Bei Vergrößerung von x schmiegt sich die Kurve immer mehr an die x-Achse an (analog y). Die beiden Achsen sind gleichzeitig die Asymptoten der Hyperbel (Geraden, an die sich die Hyperbel für große x-Werte bzw. y-Werte anschmiegt).

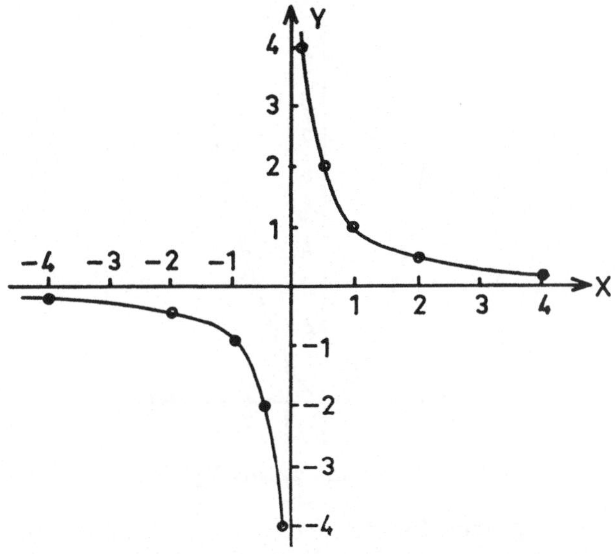

Abb. 18: Hyperbel $y = \frac{1}{x}$

6. Die quadratische Funktion

Eine Funktion mit der Funktionsgleichung

(1) $$y = ax^2 + bx + c \qquad (a \neq 0)$$

nennen wir **quadratische Funktion**. ax^2 heißt **quadratisches Glied**, bx **lineares Glied** und c **absolutes Glied**. a, b und c sind die Parameter dieser Funktion.

Betrachten wir zunächst die Funktion mit den Parameterwerten a = 1, b = 0, c = 0:

(2) $$y = x^2$$

x	0	±1	±2	±3	±4
y	0	1	4	9	16

Falls wir als Definitionsmenge X = R (alle reellen Zahlen) verwenden, enthält die Wertemenge Y nur die reellen Zahlen $y \geqq 0$. Die zugehörige Kurve gehört zur Familie der Parabeln und heißt **Normalparabel***). Die Normalparabel ist eine spiegelsymmetrische (auch klapp- oder achsensymmetrisch genannte) Kurve.

Klappen wir nämlich die rechte Halbebene um die y-Achse (Klapp- oder Symmetrieachse) auf die linke Halbebene, so kommt der rechte Parabelteil (auch Parabelast genannt) auf den linken zu liegen. Die Symmetrieachse wird hier auch **Parabelachse** genannt. Der Schnittpunkt von Parabel und Parabelachse heißt **Scheitelpunkt**.

*) Genauer: quadratische Normalparabel.

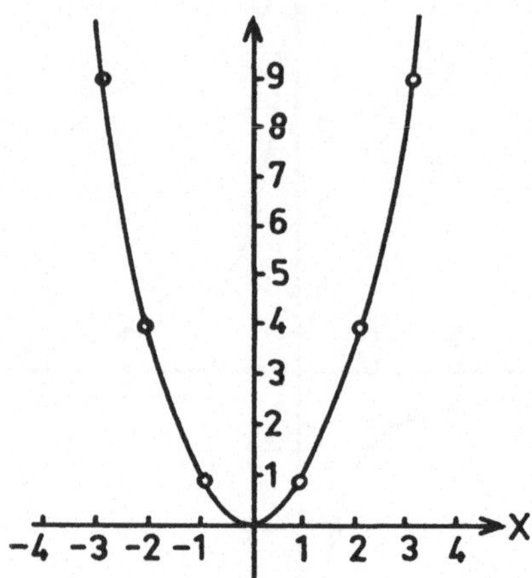

Abb. 19: Normalparabel $y = x^2$

Wir wollen uns im folgenden klarmachen, daß alle Funktionen der Gestalt (1) als Kurven eine Parabel haben (falls X = R). Wählen wir jetzt für a nacheinander die Werte 2; 0,5; — 1; — 2 und behalten b = 0 und c = 0, so erhalten wir die quadratischen Funktionen:

(3) $y = 2\,x^2$; (4) $y = 0{,}5\,x^2$; (5) $y = -x^2$; (6) $y = -2x^2$.

Lesen wir (3), so sehen wir, daß y doppelt so groß ist wie x^2, d. h. fertigen wir eine Zeichnung (siehe Abb. 20) an, so sind die Ordinaten gegenüber den Ordinaten in Abb. 19 bei gleichen Abszissen zu verdoppeln. Die typische Parabelgestalt bleibt bestehen, durch die stattfindende Dehnung der Ordinaten ent-

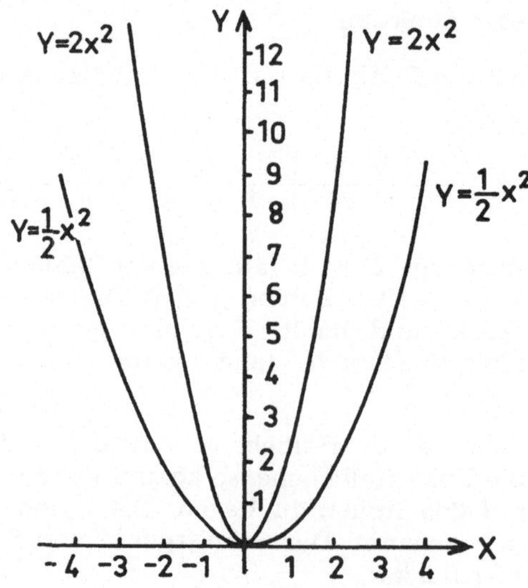

Abb. 20: a = 2; a = 0,5

steht eine Parabel, die „haarnadelähnlicher“ geworden ist. Entsprechendes ergibt sich für $y = 0{,}5\,x^2$. Wählen wir für a negative Werte, erhalten wir „nach unten geöffnete“ Parabeln.

Um uns von den speziellen Parameterwerten $b = 0$ und $c = 0$ zu lösen, führen wir eine K o o r d i n a t e n t r a n s f o r m a t i o n durch. Zu diesem Zweck beschreiben wir die Lage eines Punktes P nicht nur durch seine (x,y)-Koordinaten, sondern zusätzlich (siehe Abb. 21) mit Hilfe eines zweiten Koordinatenkreuzes, dessen Achsen zum ersten gleichsinnig parallel verlaufen. Die Koordinaten im neuen System bezeichnen wir mit (x^*, y^*).

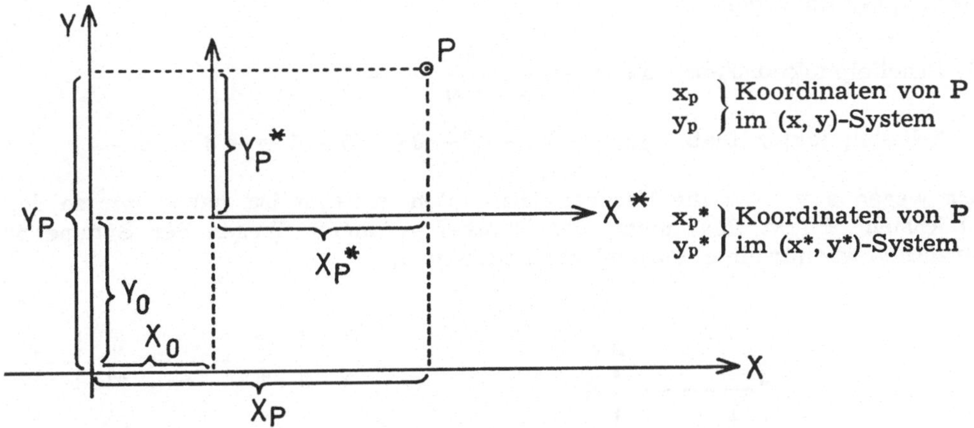

Abb. 21: Parallelverschiebung

Der rechnerische Übergang wird dabei von den T r a n s f o r m a t i o n s g l e i c h u n g e n (3) vermittelt.

(3)
$$x^* = x - x_0$$
$$y^* = y - y_0$$

Hierbei sind die Parameter x_0 und y_0 die Koordinaten vom Nullpunkt des (x^*, y^*)-Systems gemessen im (x,y)-System.

Diese Art von Koordinatentransformation wird auch als P a r a l l e l v e r s c h i e b u n g bezeichnet.

Haben wir nun im (x^*, y^*)-System die Parabel $y^* = ax^{*2}$, so sehen wir nach kurzer Rechnung, daß im (x,y)-System ihre Funktionsgleichung der Form (1) entspricht.

$$y^* = x^{*2}; \quad y - y_0 = a\,(x - x_0)^2$$

(4)
$$y = ax^2 - 2\,ax_0\,x + ax_0^2 + y_0$$

Durch Vergleich der Gleichungen (1) und (4) sehen wir, daß aus den Koeffizienten des quadratischen und des linearen Gliedes die Lage des Scheitelpunktes der Parabel bestimmt werden kann:

$$b = -2\,a\,x_0 \quad \text{oder } x_0 = -\frac{b}{2a}\,.$$

Beispiel:

Die zur quadratischen Funktion

$$y = -2\,x^2 - 8\,x - 4$$

gehörende Parabel soll gezeichnet, die Lage ihres Scheitelpunktes soll rechnerisch bestimmt werden.

1) Scheitelpunktabszisse $x_0 = -\frac{-8}{2\,(-2)} = \underline{\underline{-2}}$

2) Scheitelpunktordinate $y_0 = -2\,(-2)^2 - 8\,(-2) - 4 = -8 + 16 - 4 = +4$

Da wegen a = —2 die Parabel nach unten geöffnet ist, haben wir so den „höchsten“ Punkt (Maximum) der Parabel gefunden. Wegen der Symmetrie brauchen wir nur einen Parabelast zu betrachten.

x	-2	-1	0	1
y	4	2	-4	-14

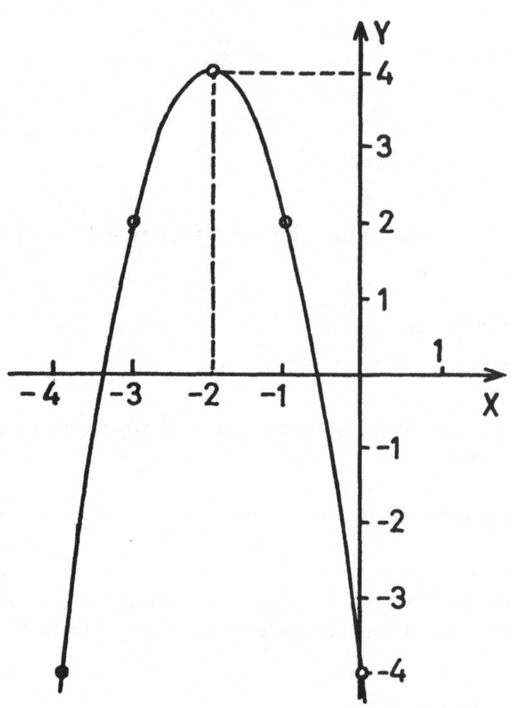

Abb. 22: $y = -2x^2 - 8x - 4$

Fassen wir die gewonnenen Ergebnisse noch einmal zusammen: Die Funktion $y = ax^2 + bx + c$ besitzt als Bild eine Parabel. Der Parameter a gibt über die Sperrung Auskunft (a ist umgekehrt proportional zur Sperrung). b hängt von der Lage des Scheitels ab. Das absolute Glied c ist wie bei allen für $x = 0$ definierten Funktionen der y-Wert des Schnittpunktes der Kurve mit der y-Achse.

7. Übungen

1. Bestimmen Sie die Funktionsgleichung der durch die Punkte P (— 1/3) und Q (2/—3) verlaufenden Geraden! Wie lauten die Koordinaten der Schnittpunkte dieser Geraden mit der x-Achse?

2. Eine Parabel hat ihren Scheitel im Punkt S (1/—2) und schneidet die y-Achse im Punkt P (0/5). Wie lautet ihre Funktionsgleichung?

3. Finden Sie diejenige Parallelverschiebung, die die Funktionsgleichung

$$y = \frac{x + 5}{x + 4}$$

in die Funktionsgleichung $y^* = \frac{a}{x^*}$ überführt!

Welche Werte für a, x_0, y_0 ergeben sich?

Zeichnen Sie die zugehörige Kurve.

4. a) Verschaffen Sie sich auf geometrische Weise einige Werte der Tangensfunktion

α	0^0	10^0	20^0	30^0	45^0	60^0	80^0	100^0	135^0
$\tan \alpha$	?	?	?	?	?	?	?	?	?

b) Warum ist die Tangensfunktion für $\alpha = 90°$ nicht definiert?

Lösungen zu den Übungen III.5

1. Mengen sind I, III, IV, VI.

Gleiche Mengen sind I und IV.

Äquivalent sind I, III, IV, VI.

2. $\emptyset$; $\{1\}$; $\{2\}$; $\{3\}$; $\{1, 2\}$; $\{1, 3\}$; $\{2, 3\}$; $\{1, 2, 3\}$

3. $\overline{\emptyset} = \{1, 2, 3\}$; $\overline{\{1\}} = \{2, 3\}$; $\overline{\{2\}} = \{1, 3\}$; $\overline{\{3\}} = \{1, 2\}$; $\overline{\{1, 2\}} = \{3\}$; $\overline{\{1, 3\}} = \{2\}$; $\overline{\{2, 3\}} = \{1\}$; $\overline{\{1, 2, 3\}} = \emptyset$

4. Das Komplement vom Komplement ergibt die ursprüngliche Menge.

(Doppelte Verneinung ergibt Bejahung.)

5.

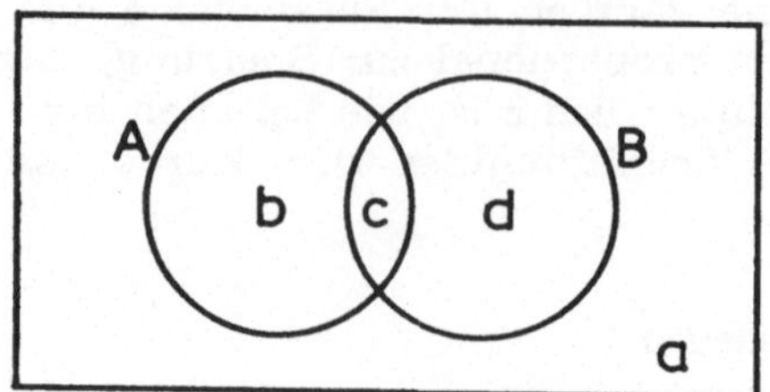

$K_1 = \{c\}$ $K_3 = \{d\}$

$K_2 = \{b\}$ $K_4 = \{a\}$

$\{c\} = A \cap B;\ \{a\} = \overline{A \cup B}$

$\{a, b\} = \overline{B};\ \{a, d\} = \overline{A}\quad \{a, c\} = \overline{A \cup B} \cup A \cap B$

$\{a, b, c\} = A \cup \overline{A \cup B};\ \{a, b, d\} = \overline{A \cap B}$

$\{b, c, d\} = A \cup B;\ \{a, b, c, d\} = A \cup B \cup \overline{A \cup B}$

6.

A	B	$\overline{A}$	$\overline{B}$	$\overline{A} \cap \overline{B}$
$\in$	$\in$	$\notin$	$\notin$	$\notin$
$\in$	$\notin$	$\notin$	$\in$	$\notin$
$\notin$	$\in$	$\in$	$\notin$	$\notin$
$\notin$	$\notin$	$\in$	$\in$	$\in$

A	B	$A \cup B$	$\overline{A \cup B}$
$\in$	$\in$	$\in$	$\notin$
$\in$	$\notin$	$\in$	$\notin$
$\notin$	$\in$	$\in$	$\notin$
$\notin$	$\notin$	$\notin$	$\in$

7. 8 Klassen

8. $A \cap B = K_1$; $\overline{A \cup B} = K_4$

9. a) I. (—2, —1); (—1, 0); (0,1); (1,2); (2,3)
   II. (—2, 4); (—1, 1); (0,0); (1,1); (2,4)
   III. (—2, 2); (—1, 1); (0,0); (1,1); (2,2)

   b) ja

   c) I. x führt um 1 vermindert zu y
   II. x hat als gezogene Wurzel y
   III. x bekommt ein Vorzeichen und wird so zu y

   d) I. ja II. nein III. nein

V. Rechnerisches Lösen von Gleichungen

1. Einleitende Beispiele und Fachausdrücke

Wir wollen uns in diesem Kapitel mit mathematischen Techniken vertraut machen, die in engem Zusammenhang mit den im vorigen Kapitel besprochenen Funktionen stehen. Zwei einleitende Beispiele sollen uns die auftretenden Probleme umreißen.

1. Beispiel

Wir verwenden die lineare Funktion

(1) $$y = 3x - 12 \qquad (x \in R)^{*})$$

diesmal in der Weise, daß wir (entgegengesetzt zu unserem Vorgehen in Kapitel IV) für y einen festen Wert auswählen, etwa y = 0, Wir wissen, da der zu (1) gehörende Graph eine Gerade (falls X = R, Menge der reellen Z.) ist, daß es zu diesem y-Wert einen (nur einen!) x-Wert gibt.

(siehe Abb. 23).

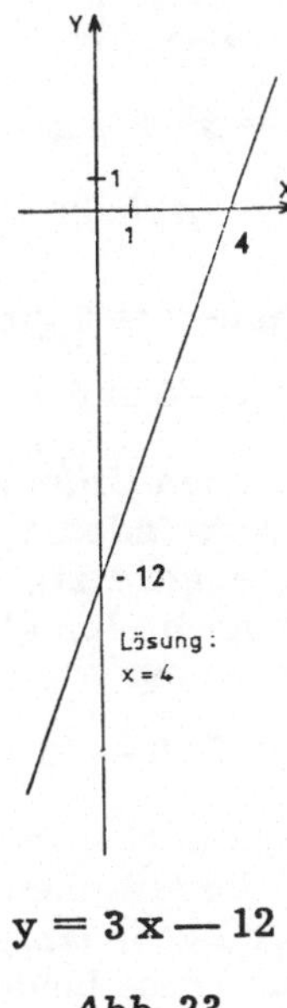

$y = 3x - 12$

Abb. 23

Aus der Zeichnung entnehmen wir, daß der Schnittpunkt von Gerade und x-Achse (der einzige Punkt der Geraden mit y = 0) die Abszisse x = 4 hat.

*) x ist eine reelle Zahl, d. h. jeder Punkt der x-Achse wird benutzt.

2. Beispiel

Führen wir dieselben Überlegungen an der quadratischen Funktion

(2) $$y = x^2 + 4x - 12 \qquad (x \in R)$$

durch, so sehen wir in Abb. 24,

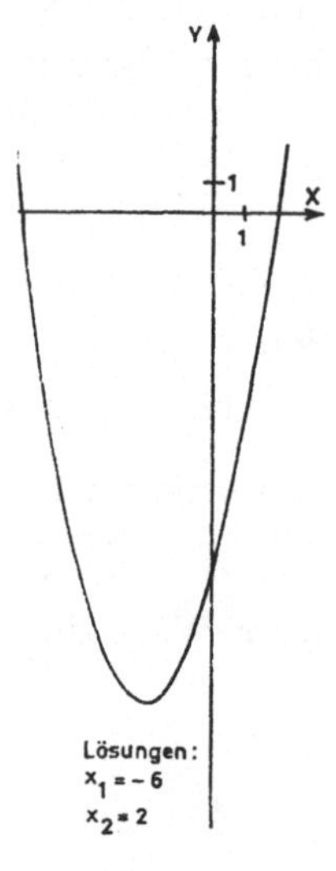

$y = x^2 + 4x - 12$

Abb. 24

daß es zwei Punkte mit der Ordinate $y = 0$ gibt; sie haben die Abszissen

$$x_1 = -6 \text{ und } x_2 = 2.$$

Wir erkennen an beiden Beispielen den Unterschied zu den in Kapitel IV bei der Herstellung der Wertetabellen verwendeten Verfahren. Dort haben wir uns einen Wert für x gewählt (für x eingesetzt), und dann ließ sich y ausrechnen. Betrachten wir zu diesem Zweck noch einmal das 1. Beispiel: Wählen wir z. B. $x = 5$, so ergibt sich y aus der Rechnung

$$y = 3 \cdot 5 - 12 = 3.$$

Wählen wir jedoch wie oben ausgeführt $y = 0$, so ist x nicht unmittelbar auszurechnen (wir mußten oben auf die Graphen zurückgreifen). Wir kennen jetzt gewissermaßen das Ergebnis einer Rechenaufgabe, dafür sind wir uns über ein Mitglied der Aufgabe im unklaren. Diese beiden Rechenaufgaben lauten also

(1 a) $$0 = 3x - 12$$

(2 a) $$0 = x^2 + 4x - 12.$$

Ziel dieses Kapitels soll es sein, Verfahren zu entwickeln, die der r e c h n e r i s c h e n E r m i t t l u n g der betreffenden fehlenden Werte der Variablen x dienen.

Um diesen Vorgang besser zu verstehen, wollen wir einen kurzen Exkurs in die **Logik** unternehmen.

Ein sprachliches Gebilde, von dem wir entweder sagen können, daß es w a h r ist, oder daß es f a l s c h ist, nennen wir eine A u s s a g e. So ist z. B. „Jeder Mensch hat ein Herz“ eine wahre Aussage und „Alle Insekten können fliegen“ eine falsche Aussage. Da uns hier nur mathematische Aussagen interessieren, betrachten wir als Beispiele die folgenden Aussagen:

$3 + 7 = 10$ (wahre Aussage)

$3 + 7 = 11$ (falsche Aussage).

Nun stellen (1 a) und (2 a) noch keine Aussagen dar, erst durch Wahl eines Wertes für die Variable x werden sie entweder zur wahren oder zur falschen Aussage.

Zum Beispiel wählen wir $x = 7$

für (1 a) $0 = 3 \cdot 7 - 12$ falsche Aussage

dagegen $x = 4$

$0 = 3 \cdot 4 - 12$ wahre Aussage.

Jede Aufgabe, die Variable enthält, wird also erst durch das Verwenden spezieller Zahlenwerte für die Variablen zur Aussage, anschließend kann dann über den Wahrheitswert entschieden werden.

Allgemein spricht man von einem sprachlichen Gebilde, das Variable enthält, als von einer A u s s a g e f o r m.

Da die Gleichheit in unseren Aussageformen die zentrale Rolle spielt, sprechen wir von **Gleichungen.**

Wir klassifizieren die Gleichungen nach der A n z a h l d e r V a r i a b l e n. So ist z. B. (1) eine Gleichung mit zwei Variablen, (1 a) eine Gleichung mit einer Variablen.

In älteren Darstellungen werden x bzw. y als **Unbekannte** bezeichnet, und es wird ein wesentlicher Unterschied zwischen Variablen und Unbekannten darin gesehen, daß Unbekannte feste Werte haben. Wir wollen uns diesen Gedankengängen nicht anschließen und bedenken, daß eine Variable jeden Wert ihrer Definitionsmenge (Universalmenge, Grundmenge) annehmen kann. Durch Gleichungen wie z. B. (2 a) $x^2 + 4x - 12 = 0$ werden aus der Grundmenge R (alle reellen Zahlen) diejenigen Elemente herausgegriffen, die (2 a) zur wahren Aussage machen.

Dies sind die Elemente -6 und 2. Auch hier ist also noch Variabilität zu verzeichnen.

Wir wollen diesen Abschnitt abschließen, indem wir uns noch mit einigen weiteren Fachausdrücken bekanntmachen.

Die rechnerische Ermittlung derjenigen Werte der Variablen, die die betreffende Gleichung zur wahren Aussage machen, nennen wir A u f l ö s e n (oder kurz Lösen) der Gleichung. Die ermittelten Werte heißen **Lösungen der Gleichung**. Sämtliche Lösungen einer Gleichung bilden die Lösungsmenge der Gleichung.

Da eine Gleichung aus zwei Termen*) besteht, die durch das Gleichheitszeichen miteinander verbunden sind, ist es üblich, diese beiden Terme die rechte bzw. linke Seite der Gleichung zu nennen.

2. Lineare Gleichungen mit einer Variablen

Die lineare Gleichung mit einer Variablen ist die am einfachsten zu lösende Gleichung. Wie bei den Funktionen deutet die Bezeichnung „*linear*" darauf hin, daß die Variable nur in der ersten Potenz auftritt. Die Variable ist mit Konstanten bzw. mit Parametern durch die vier Grundrechnungsarten verknüpft. Verwenden wir nochmals das 1. Beispiel aus Abschnitt 1. (Das 2. Beispiel gehört wegen x^2 zu den quadratischen Gleichungen):

(1 a) $$0 = 3x - 12.$$

Das Auflösen geschieht nun durch schrittweises „Entknüpfen". Dazu ist es nötig, daß wir uns an die Ergebnisse des 1. Kapitels erinnern: Die Subtraktion kann durch die umkehrende Rechnungsart Addition und die Multiplikation durch die Division rückgängig gemacht werden. Addieren wir also zunächst 12, so wird aus der rechten Seite $3x - 12$ der Term $3x$. Natürlich geht durch diesen Zuwachs um 12 die ursprüngliche Gleichheit mit Null verloren. Um die Gleichheit wieder herzustellen, müssen wir die linke Seite auch um 12 vermehren:

(1 b) $$0 + 12 = 3x - 12 + 12$$
$$12 = 3x.$$

Schulkindern pflegt man dieses „Umformen" der Gleichung mit Hilfe einer Waage (zwei Waagschalen) klar zu machen**): Legen wir auf die eine Seite einer sich im Gleichgewicht befindlichen Waage zusätzlich 12 Gewichtseinheiten, so müssen wir dasselbe auch auf der anderen Seite tun, damit die Waage im Gleichgewicht bleibt. Wir können hier ein wichtiges *Prinzip* herausschälen:

Die Addition einer Konstanten zu jeder Seite der Gleichung ändert die Lösungsmenge nicht.

(Die Subtraktion läßt sich mit einbeziehen, wenn wir eine negative Zahl addieren.)

---

*) Der Term, aus der englischen Literatur (term Glied) übernommener neuerer Fachausdruck.

**) Allerdings an einem anderen Beispiel: Null auf der einen Seite läßt sich nicht darstellen, „wegnehmen" macht sich besser, etwa $x + 3 = 5$; $x + 3 - 3 = 5 - 3$.

Nun dehnen wir dieses Prinzip auf das Rückgängigmachen der Multiplikation $3\,x$ aus: Wir müssen jede Seite der Gleichung (1 b) durch 3 dividieren:

(1 c)
$$\frac{12}{3} = \frac{3\,x}{3}$$
$$4 = x$$

Mit der letzten Zeile haben wir die Lösung, falls wir die Seiten vertauschen:

(1 d)
$$x = 4$$

Den letzten Schritt können wir wieder in Form eines Prinzips aussprechen:

Das Vertauschen der beiden Seiten der Gleichung ändert die Lösungsmenge nicht.

Die Reihenfolge der einzelnen Lösungsschritte ist nicht vorgeschrieben und kann daher variiert werden,

z. B.

1. Vertauschung der Seiten $3\,x - 12 = 0$
2. Division durch 3 $x - 4 = 0$
3. Addition von 4 $x = 4.$

Ist die Lösung gefunden, so haben wir denjenigen Wert der Variablen x bestimmt, der die Gleichung zur wahren Aussage macht. Das Überprüfen dieses Sachverhaltes wird als Probe bezeichnet. Die Probe wird also durchgeführt, indem für x die ermittelte Lösung in die Ausgangsgleichung eingesetzt wird.

Probe: $0 = 3 \cdot 4 - 12$ (wahre Aussage).

Eine kompliziertere Form liegt vor, wenn die Variable auf beiden Seiten der Gleichung auftritt:

(1 e)
$$x = 4\,x - 12.$$

Erweitern wir aber unser erstes Prinzip (Addition/Subtraktion) dahingehend, daß nicht nur Konstante, sondern auch Variable addiert bzw. subtrahiert werden dürfen, so können wir (1 e) sofort durch beiderseitige Subtraktion von x auf (1 a) zurückführen:

$$x - x = 4\,x - 12 - x$$
$$0 = 3\,x - 12.$$

Zuweilen ist die algebraische Struktur der als rechte bzw. linke Seiten der Gleichung verwendeten Terme jedoch noch komplizierter als die bisher aufgetretenen. Dann müssen wir die Terme schrittweise vereinfachen, bis die oben erwähnten Prinzipien zum Ziel führen. Wir wollen ein diesbezügliches Beispiel durchrechnen.

(3) $$3(x + 2) - 5(x - 1) = 7(x + 7) - 20$$

1. Schritt:

Linke Seite algebraisch vereinfachen

$$3x + 6 - 5x + 5$$
$$-2x + 11$$

2. Schritt:

Rechte Seite vereinfachen

$$7x + 49 - 20$$
$$7x + 29$$

3. Schritt:

Da wir nur algebraische Umformungen vorgenommen haben, ergeben die Resultate der Umformungen die Seiten einer anderen Gleichung mit derselben Lösungsmenge:

$$-2x + 11 = 7x + 29$$

4. Schritt:

Auf beiden Seiten $7x$ subtrahieren, da nur auf einer Seite die Variable auftauchen darf.

Zunächst die linke Seite

$$-2x + 11 - 7x$$
$$-9x + 11$$

dann die rechte Seite

$$7x + 29 - 7x$$
$$29$$

jetzt beide Resultate gleichsetzen:

$$-9x + 11 = 29$$

5. Schritt:

Auf beiden Seiten 11 subtrahieren (Schrittweises „Auspacken" der Variablen).

Zunächst links

$$-9x + 11 - 11$$
$$-9x$$

dann rechts

$29 - 11$

18

jetzt gleichsetzen

$$-9x = 18$$

6. Schritt:

Auf beiden Seiten durch — 9 dividieren

zunächst links

$$\frac{-9x}{-9}$$

$$x$$

dann rechts

$$\frac{18}{-9}$$

$$-2$$

jetzt gleichsetzen

$$x = -2 \qquad \text{Lösung}$$

7. Schritt:

Probe:

$$3(-2+2)-5(-2-1) = 7(-2+7)-20$$

wahre Aussage?

Überprüfen durch Ausrechnen (Umformen)
zunächst links

$$3 \cdot 0 - 5(-3)$$

$$15$$

dann rechts

$$7 \cdot 5 - 20$$

$$15$$

gleichsetzen

$$15 = 15$$ (wahre Aussage).

Diese Rechnung können wir natürlich räumlich mehr zusammendrängen. Es empfiehlt sich aber, stets die beiden Seiten der Gleichung streng zu trennen. Zu diesem Zweck benutzen wir das Gleichheitszeichen, d. h. *wir schreiben jede neue Zeile der Rechnung so, daß das Gleichheitszeichen dieser Zeile unter das Gleichheitszeichen der vorhergehenden zu stehen kommt:*

(3)

$$\begin{aligned}
3(x+2)-5(x-1) &= 7(x+7)-20\\
3x+6-5x+5 &= 7x+49-20\\
-2x+11 &= 7x+29\\
-2x+11\underline{-7x} &= 7x+29\underline{-7x}\\
-9x+11 &= 29\\
-9x+11\underline{-11} &= 29\underline{-11}\\
-9x &= 18\\
-9x:\underline{(-9)} &= 18:\underline{(-9)}\\
\\
x &= -2
\end{aligned}$$

Beispiel unter Verwendung von Parametern

(4)

$$\begin{aligned}
ax+b &= cx+d\\
ax+b-cx &= cx+d-cx\\
ax-cx+b &= d\\
ax-cx+b-b &= d-b\\
ax-cx &= d-b\\
(a-c)x &= d-b\\
\frac{(a-c)x}{a-c} &= \frac{d-b}{a-c}\\
x &= \frac{d-b}{a-c}
\end{aligned}$$

Wir sehen an diesem Beispiel deutlich, daß wir für den Lösungsweg $a \neq c$ voraussetzen müssen.

Für den Fall, daß $a = c$ ist, ergeben sich zwei für die theoretische Betrachtung äußerst wichtige Fälle:

I. Zusätzlich zu $a = c$ soll $b = d$ gelten.

Dann haben wir die Gleichung

$$ax + b = ax + b$$

oder als Zahlenbeispiel für die beiden Parameter a und b:

$$x + 7 = x + 7$$

Wir erkennen sofort, daß jedes x aus der Universalmenge (Grundmenge) diese Aussageform zur wahren Aussage macht, d. h. die Lösungsmenge ist gleich der Universalmenge.

II. Zusätzlich zu $a = c$ soll $b \neq d$ gelten.

Betrachten wir also die Gleichung:

(4 b) $$ax + b = ax + d$$

sowie ein entsprechendes Zahlenbeispiel:

$$x + 7 = x + 8$$

Hieraus ersehen wir, daß es keinen Wert für x gibt, der (4 b) zur wahren Aussage macht. Die Lösungsmenge von (4 b) ist also die Leermenge*).

Zusammenfassend läßt sich sagen:

Für die Lösungsmenge bestehen drei Möglichkeiten:

A) *Die Lösungsmenge ist gleich der Universalmenge*
Z. B. $3x - 1 = 3x - 1$; vgl. (4 a)

B) *Die Lösungsmenge ist echte Teilmenge der Universalmenge*
Z. B. $x + 1 = 0$; vgl. (4)

C) *Die Lösungsmenge ist die Leermenge*
(Die Gleichung hat keine Lösung.)
Z. B. $3x + 1 = 3x$; vgl. (4 b)

Wir wollen nun noch ein Beispiel durchrechnen.

(5) $$5(2x - 7) - 8(3x - 5) = -13x$$

1. Schritt: Algebraisch vereinfachen (Distributivgesetz)

$$10x - 35 - 24x + 40 = -13x$$
$$-14x + 5 = -13x$$

2. Schritt: Ordnen (Additionsprinzip)

$$-14x + 5 + 13x = -13x + 13x$$
$$-x + 5 = 0$$
$$-x + 5 + x = 0 + x$$
$$5 = x$$

3. Schritt: Vertauschen

$$x = 5 \quad \text{Lösung}$$

4. Schritt: Probe

$$5(2 \cdot 5 - 7) - 8(3 \cdot 5 - 5) = -13 \cdot 5$$

wahre Aussage?

$$5 \cdot 3 - 8 \cdot 10 = -65$$
$$15 - 80 = -65$$

wahre Aussage!

Um die Nützlichkeit der Probe zu erkennen, nehmen wir an, daß bei den ersten drei Schritten ein Rechenfehler auftrat, der uns fälschlicherweise dazu brachte,

*) D. h.: Die Gleichung hat keine Lösung.

$x = 10$ als Lösung anzusehen. Führen wir mit diesem Wert $x = 10$ (der ja in Wahrheit keine Lösung ist) die Probe noch einmal durch.

$$5(2 \cdot 10 - 7) - 8(3 \cdot 10 - 5) = -13 \cdot 10$$

wahre Aussage?

$$\begin{aligned} 5 \cdot 13 - 8 \cdot 25 &= -130 \\ 65 - 200 &= -130 \\ -135 &= -130 \end{aligned}$$

Falsche Aussage, somit ist $x = 10$ keine Lösung von (5).

Bei gewissen n i c h t l i n e a r e n Gleichungen gelingt uns sofort eine Umwandlung in eine lineare Gleichung mit gleicher Lösungsmenge.

Beispiele:

1) $$x^2 + 3x - 1 = x^2 + 2$$

Auf beiden Seiten x^2 subtrahieren.

2) $$\frac{1}{x} + 5 = 7$$

Auf beiden Seiten mit x multiplizieren (Achtung $x \neq 0$).

3) $$\frac{1}{x-1} = \frac{5}{x+3}$$

Auf beiden Seiten erst mit $x - 1$, dann mit $x + 3$ multiplizieren (kann auch in anderer Reihenfolge bzw. gleichzeitig geschehen. $x \neq 1$; $x \neq -3$).

4) $$\frac{1 + x^2}{x} = 1 + x$$

Auf beiden Seiten mit x multiplizieren ($x \neq 0$), dann wie bei Beispiel 1.

5) $$x(x + 1) = 3x$$ *)

Beide Seiten durch x dividieren (Achtung $x \neq 0$). Dieser Fall unterscheidet sich von den vorhergehenden dadurch, daß der ausgeschlossene Fall $x = 0$ eine der beiden Lösungen ist (Probe !).

Es empfiehlt sich also bei Multiplikationen bzw. Divisionen Wert darauf zu legen, ob der verwendete Term Null werden kann. Die betreffenden Werte der Variablen können Lösungen sein. Die einfachste Entscheidung darüber ist die Probe, zu der stets die Ausgangsgleichung heranzuziehen ist.

6) $$x(2x - 1) = 3(2x - 1)$$ *)

Beide Seiten durch $2x - 1$ dividieren (Achtung: Für welchen Wert für x wird dieser Term gleich Null?)

---

*) Beispiel ist eine quadratische Gleichung und wird im entsprechenden Abschnitt nochmals besprochen.

Als Lösung für diese Gleichungen erhalten wir:

1) $x = 1$; 2) $x = 0{,}5$; 3) $x = 2$; 4) $x = 1$; 5) zwei Lösungen $x_1 = 2$, $x_2 = 0$
6) zwei Lösungen $x_1 = 3$, $x_2 = 0{,}5$.

Zusammenfassung der in diesem Abschnitt verwendeten Lösungsprinzipien.

1. Das Lösen der Gleichung geschieht durch schrittweises Umformen, ohne daß die Lösungsmenge geändert wird.

2. Zulässige Umformungen sind:
   Vertauschen der Seiten;

   algebraische Vereinfachung jeder Seite für sich; (z. B. Klammern auflösen);

   rechnerische Veränderungen mit Hilfe von Termen, falls auf jeder Seite der gleiche Term und die gleiche Rechnungsart verwendet werden.

3. Die für die rechnerischen Veränderungen verwendeten Terme sind Funktionen der in der Ausgangsgleichung vorkommenden Variablen und haben eine Definitionsmenge, die der Grundmenge der Ausgangsgleichung entspricht.

   Für Anfänger empfiehlt es sich, diese Terme möglichst einfach zu gestalten.

4. Als Rechnungsarten (siehe 2.) sind zugelassen:

   Addition von Termen;

   Subtraktion von Termen;

   Multiplikation von Termen (wenn beachtet wird, daß die Multiplikation mit Null vermieden wird, d. h. bei variablen Termen der betreffende Wert der Variablen ausgeschlossen wird);

   Division durch Terme (wenn geprüft wird, ob derjenige Wert der Variablen, der den Term zu Null macht, Lösung ist).

5. Die Wahl der Rechnungsart und des betreffenden Terms geschieht unter dem Gesichtspunkt der „Entknüpfung" der Variablen. Es wird also stets die umkehrende Rechnungsart der in der umzuformenden Gleichung auftretenden Verknüpfung benutzt. (Ist x mit 3 multipliziert, d. h., 3 x wird entknüpft durch Division durch 3, d. h., 3 x : 3 ergibt das entknüpfte x.)

6. Das Umformen führt zum Ziel, wenn die Gleichung geordnet wird, indem alle mit der Variablen verknüpften Glieder auf einer Seite konzentriert werden und diese schrittweise von den Konstanten bzw. Parametern „befreit" werden. Dadurch erscheinen die Konstanten bzw. Parameter automatisch auf der anderen Seite und die letzte Zeile der Gleichung, die Lösung, stellt sich ein.

7. Die Probe soll stets an der Ausgangsgleichung vorgenommen werden.

3. Übungen

Ermitteln Sie die Lösungsmengen der folgenden Gleichungen. (Grundmenge für die auftretende Variable soll stets die Menge der reellen Zahlen sein.)

1) $5x - 3 = 9x + 4$

2) $4(x - 1) + 3 = -3(x - 2)$

3) $5(x - 8) - x = 4(x + 3)$

4) $8(3x - 1) + 14 = 6(4x + 1)$

5) $\frac{7}{2x} = 5$

6) $x(x + 1) = 5x$

7) $\frac{1}{2x - 1} = \frac{4}{3x + 5}$

Lösungen zu den Übungen IV. 7

1. $\Delta y = -6$; $\Delta x = 3$; $a = -2$; $b = 1$

   $y = -2x + 1$

   Schnitt mit y-Achse: S_y (0/1)
   Schnitt mit x-Achse: S_x (0,5/0)

2. Gegeben ist $x_0 = 1$, $y_0 = -2$, $c = 5$

   $y = ax^2 - 2ax + a - 2$ (Einsetzen von x_0 und y_0 in IV. 6 (4)). Es ergibt sich $a - 2 = c$, d. h. $a = 7$

   Lösung: $y = 7x^2 - 14x + 5$

3. $y = \frac{x + 5}{x + 4} = \frac{x + 4}{x + 4} + \frac{1}{x + 4} = 1 + \frac{1}{x + 4}$

   $y - 1 = \frac{1}{x + 4}$ d. h.: $y - 1 = y^*$
   $x + 4 = x^*$

   also $a = 1$; $x_0 = -4$; $y_0 = 1$

4. a)

α	0°	10°	20°	30°	45°	60°	80°	100°	135°
$\tan\alpha$	0,000	0,176	0,364	0,577	1,000	1,732	5,671	−5,671	−1,000

   b) $\Delta x = 0$

4. Lineare Gleichungen mit mehreren Variablen

a) Die Lösungsmenge eines linearen Gleichungssystems

Wir betrachten wieder wie in Abschnitt V. 1. (siehe Seite 69) die lineare Funktion

(1) $$y = 3x - 12 \qquad (x \in R).$$

Beide Variablen kommen nur in der 1. Potenz vor. Eine derartige Gleichung nennen wir lineare Gleichung mit zwei Variablen. Auch diese Gleichung stellt eine Aussageform dar. Sie wird zur wahren Aussage, wenn wir z. B. für x die Zahl 7 und für y die Zahl 9 einsetzen:

$$9 = 3 \cdot 7 - 12.$$

An dem Graphen der Funktion (siehe Abb. 23) sehen wir, daß es viele derartige Paare (x, y) gibt. Im Sinne des vorigen Abschnittes wollen wir jedes dieser Paare eine Lösung von (1) nennen. *Demnach besteht die Lösungsmenge von (1) aus unendlich vielen Zahlenpaaren.* Wir können diese Lösungsmenge auch geometrisch deuten. Sie ist der Punktmenge aller auf der zugehörigen Graden liegenden Punkte äquivalent, denn jede Lösung kann als Koordinatenpaar eines Geradenpunktes aufgefaßt werden. Somit ist die Gerade eine geometrische Veranschaulichung der Lösungsmenge. Die von uns im Kapitel über Funktionen benutzten Wertetabellen stellten jeweils Teilmengen der betreffenden Lösungsmengen dar.

Wenden wir uns nun einem weiteren Beispiel zu.

(6) $$x + y = 8$$

Lösungsmenge sind alle Paare (x, y), bei denen die Summe der beiden Partner 8 ergibt. An der Lösungsmenge ändert sich nichts, wenn wir die Gleichung mit Hilfe der im vorigen Abschnitt erarbeiteten Prinzipien umformen:

(6 a) $$y = -x + 8$$

An dieser Form erkennen wir die zugehörige „Lösungsgerade". Diese Gerade zeichnen wir zusammen mit der Geraden des ersten Beispiels $y = 3x - 12$ in ein gemeinsames Achsenkreuz.

Wertetabellen:

$y = -x + 8$

x	0	1	2	3	4	5	6
y	8	7	6	5	4	3	2

$y = 3x - 12$

x	0	1	2	3	4	5	6
y	-12	-9	-6	-3	0	3	6

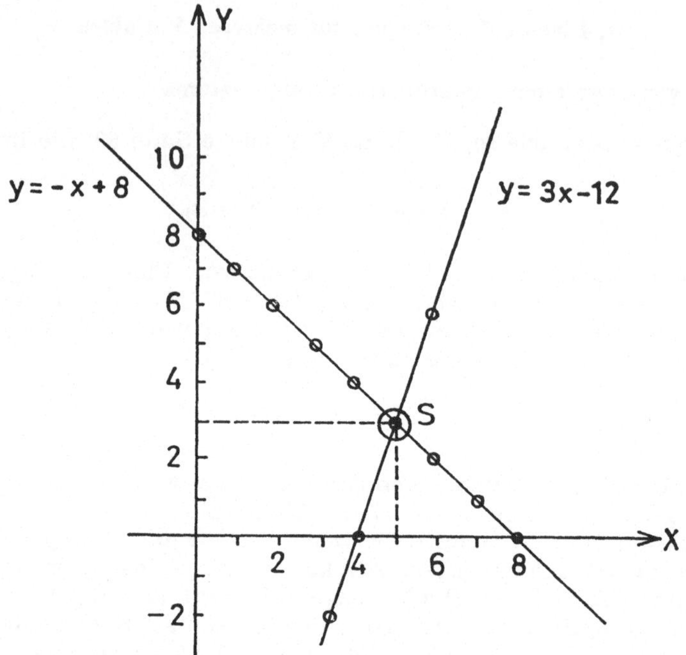

Abb. 25: Schnittpunkt zweier Geraden

Wir sehen sowohl an der Zeichnung als auch an den Wertetabellen, daß die beiden Lösungsmengen das gemeinsame Element (5|3) haben. Dieses Element stellt einerseits (geometrisch gesehen) den Schnittpunkt der beiden Geraden, andererseits (in der Sprache der Mengenlehre) die Schnittmenge der beiden Lösungsmengen dar.

Die Verbindung von Gleichungen, wie z. B.

$$y = 3x - 12$$
$$y = -x + 8$$

(stillschweigende Verknüpfung mehrerer Aussageformen durch „und"), nennen wir ein l i n e a r e s G l e i c h u n g s s y s t e m.

Da die logische Verknüpfung durch „und" vorgenommen ist, erhalten wir, wie oben durchgeführt, die Lösungsmenge des Systems als Durchschnitt (Schnittmenge, siehe Mengenlehre) der beiden Lösungsmengen der einzelnen Gleichungen. In unserem Falle enthält diese Schnittmenge genau ein Element. Das Element

$$(x|y) = (5|3)$$

ist also *Lösung des Gleichungssystems.*

Wir haben oben gesehen, wie wir die Lösungsmenge eines Gleichungssystems mit zwei Variablen finden können:

I. Wir zeichnen die zugehörigen Punktmengen (Geraden) und bestimmen, falls vorhanden, den Schnittpunkt. Seine Koordinaten ergeben die Lösung.

II. Durch Vergleich der Lösungsmengen (Wertetabellen) der einzelnen Gleichungen wird der Durchschnitt ermittelt.

Beide Verfahren dienen aber nur als Behelf, denn Verfahren I ist nur bei zwei Variablen möglich und zudem oft ungenau, Verfahren II läuft meistens auf ein zeitraubendes Probieren hinaus.

Bevor wir uns den rechnerischen Lösungsverfahren zuwenden, wollen wir uns noch einmal der graphischen Methode bedienen, um uns über die Elementanzahl der Lösungsmenge klarzuwerden.

Wir unterscheiden wie bei den Gleichungen mit einer Variablen drei Fälle:

① Es ist genau eine Lösung vorhanden (siehe Abb. 25).

② Haben wir ein Gleichungssystem der folgenden Art:

$$x + y = 8$$

$$x + y = 4,$$

so bemerken wir, die beiden zugehörigen Geraden $y = -x + 8$ und $y = -x + 4$ verlaufen parallel. Sie haben also keinen Schnittpunkt. (Eine Summe kann nicht zugleich 8 bzw. 4 sein.) Die Lösungsmenge ist die Leermenge.

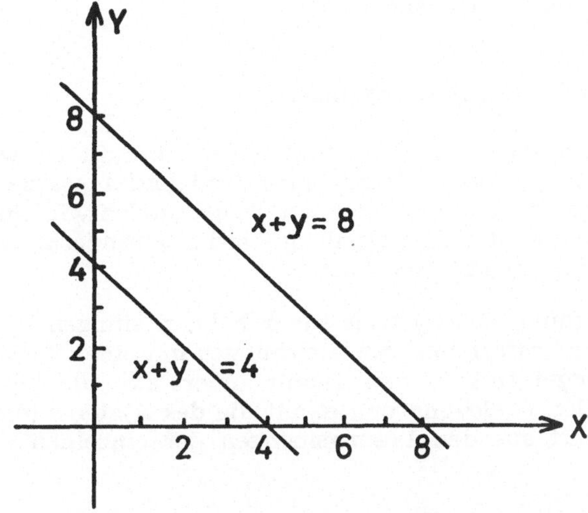

Abb. 26: Parallele Geraden

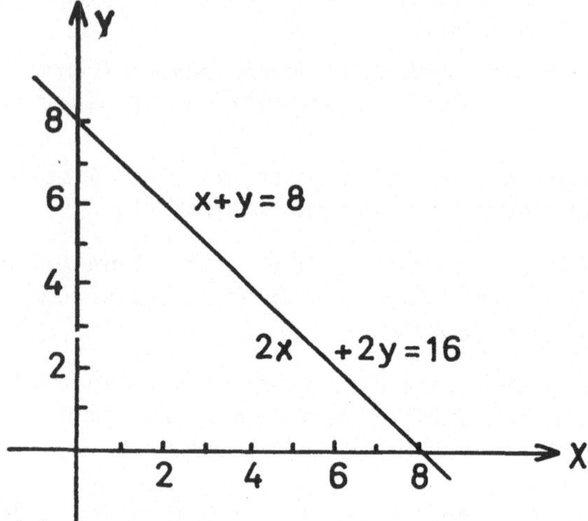

Abb. 27: Zusammenfallende Geraden

③ Die 3. Möglichkeit stellt ein Gleichungssystem der Form

$$x + y = 8$$
$$2x + 2y = 16$$

dar. Die zugehörigen Geraden fallen zusammen. Die Lösungsmenge hat unendlich viele Punktepaare als Elemente. Dieselbe Lösungsmenge hätten wir aber auch erhalten, wenn wir nur eine der beiden Gleichungen betrachtet hätten. Infolgedessen können wir eine der beiden Gleichungen fortlassen, sie liefert uns keine andere „Information" als die andere.

b) Transformation des Gleichungssystems

Die rechnerische Lösung eines Gleichungssystems beruht im wesentlichen auf dem *Transformationsgedanken:* Wir formen das Gleichungssystem so lange um, bis wir die Lösungsmenge ablesen können. Dabei dürfen wir nur solche Umformungen benutzen, die die Lösungsmenge nicht verändern. Hier bieten sich folgende Transformationen an:

- Jede Gleichung des Systems für sich kann sinngemäß der Prinzipien, die wir zur Umformung von Gleichungen mit einer Variablen entwickelt haben, umgeformt werden. Damit ändert sich die Lösungsmenge der betreffenden Gleichung und damit die des Systems (die ja gleich dem Durchschnitt aus den Lösungsmengen der einzelnen Gleichungen ist) nicht.

  Deswegen darf jede Gleichung mit einer von Null verschiedenen Konstanten (bzw. Parameter) multipliziert werden.

Zum Beispiel:

$$\begin{array}{ll} \text{I} & y = 3x - 12 \\ \text{II} & y = -x + 8 \end{array}$$

Transformiertes System:

$$\begin{array}{ll} \text{I} & y = 3x - 12 \\ \text{II a} & 2y = -2x + 16 \end{array}$$

Die zweite Gleichung der ersten Fassung hat dieselbe Lösungsmenge wie die zweite Gleichung der zweiten Fassung.

- Die zweite Transformation beruht auf folgender Beobachtung: Wir gewinnen durch Addition zweier Gleichungen eine dritte Gleichung:

$$\begin{array}{ll} \text{I} & y = 3x - 12 \\ \text{II} + & y = -x + 8 \\ \hline \text{III} & 2y = 2x - 4 \end{array}$$

oder nach Umformung (Multiplikation mit 0,5)

$$\text{III a} \quad y = x - 2.$$

Wie wir an der Zeichnung oder durch Probe feststellen können, verläuft die zugehörige Gerade ebenfalls durch den Schnittpunkt der zu I. und II. gehörenden Geraden.

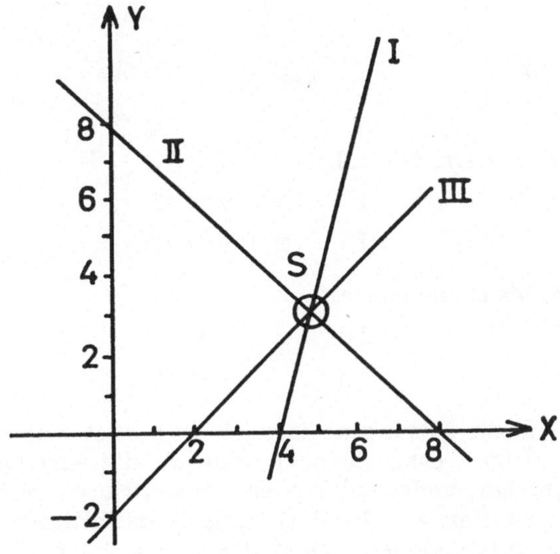

Abb. 28

Wir können also ein neues System bilden, das aus den Gleichungen II und III (bzw. I und III) besteht. Es führt zu keiner anderen Lösung als das System aus I und II.

Sollten die oben geschilderten speziellen Fälle von parallelen bzw. zusammenfassenden Geraden vorliegen, so ist die 3. Gerade ebenfalls entsprechend geartet, so daß auch hier die Lösungsmengen nicht verfälscht werden.

Die beiden soeben erarbeiteten Prinzipien werden nun miteinander kombiniert, um das Ziel (Ablesen der Lösung) zu erreichen. Geometrisch gesehen ist dieses Ziel im Falle der sich schneidenden Geraden dann erreicht, wenn von den beiden durch den Lösungspunkt verlaufenden Geraden die eine parallel zur x-Achse und die andere parallel zur y-Achse verläuft (siehe Abb. 29):

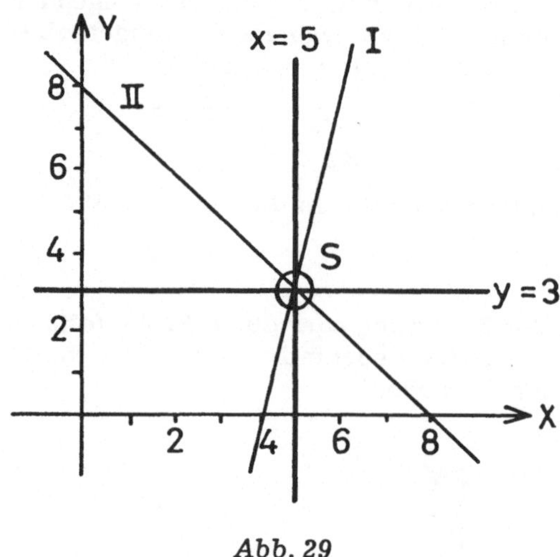

Abb. 29

Wir müssen also ein System, wie z. B.

$$\begin{array}{ll} \text{I} & 3x - y = 12 \\ \text{II} & x + y = 8, \end{array}$$

so lange umformen, bis es die Gestalt

$$\begin{array}{lrl} \text{I a} & x & = 5 \\ \text{II a} & y & = 3 \end{array}$$

hat. Hier können wir die Lösung ablesen. Auch wollen wir von jetzt an jedes System in eine derartige Gestalt bringen, daß nur die variablen Terme auf der linken Seite stehen. Die anderen Glieder konzentrieren wir auf der rechten Seite. Im übrigen gestalten wir die Rechnung übersichtlicher, wenn wir darauf achten, daß in den verschiedenen Zeilen die gleichen Variablen untereinander gesetzt werden. Gleichheitszeichen steht wieder unter Gleichheitszeichen; sobald wir ein neues System gebildet haben, ziehen wir einen Trennungsstrich. Es empfiehlt sich, das System stets zusammenzuhalten, damit keine der Gleichungen während des Rechenganges verlorengeht oder fälschlicherweise durch eine andere ersetzt wird.

c) Lösungsverfahren

Wie bei vielen Rechenvorgängen (z. B. schriftliche Division oder Multiplikation) ist es günstig, sich ein schematisches Rechenverfahren zurechtzulegen, das auf den Lösungsprinzipien aufbaut. Der Vorteil eines derartigen Verfahrens besteht darin, daß es aus einigen aufeinanderfolgenden Einzelschritten zusammengesetzt wird, die alle die gleiche Struktur zeigen.

Für die rechnerische Lösung von Gleichungssystemen gibt es einige Verfahren, die auf diesem Gedanken beruhen. Die Namen der Verfahren deuten auf diejenige Operation hin, die in der Rechnung eine zentrale Stellung einnimmt. Zunächst machen wir uns das Additionsverfahren klar.

Additionsverfahren

Die Umformung des Systems gelingt mit wenigen Schritten:

I	$3x - y = 12$	Addition, Summe als Ersatz für die kompliziertestе Gleichung benutzen.
II	$x + y = 8$	
I + II = III	$4x = 20$	durch 4 dividieren; diese Gleichung enthält nur noch die Variable x.
II	$x + y = 8$	
III	$x = 5$	III von II subtrahieren (bzw. III mit — 1 multiplizieren, dann beide Gleichungen addieren)
II	$x + y = 8$	
III	$x = 5$	(5|3) ist die einzige Lösung
II — III = IV	$y = 3$	
Probe I	$3 \cdot 5 - 3 = 12$	wahre Aussagen
II	$5 + 3 = 8$	

Ein weiteres Beispiel:

(7)	I	$4x + 15y = 18$	mit 5 multiplizieren
	II	$5x + 7y = -1$	mit — 4 multiplizieren
	I · 5 = I a	$20x + 75y = 90$	addieren
	II · (— 4) = II a	$-20x - 28y = 4$	
	I a + II a = III	$47y = 94$	durch 47 dividieren
	II	$5x + 7y = -1$	
	III : 47 = III a	$y = 2$	mit — 7 multiplizieren (y läßt sich bereits ablesen)
	II	$5x + 7y = -1$	

III a · (— 7) = III b	— 7 y = — 14	addieren
II	5 x + 7 · y = — 1	
III a	y = 2	
III b + II = IV	5 x = — 15	durch 5 dividieren
III a	y = 2	(— 3|2) ist Lösung
IV : 5 = IV a	x = — 3	
Probe I	4 · (— 3) + 15 · 2 = 18	wahre Aussage
II	5 · (— 3) + 7 · 2 = — 1	wahre Aussage

Wir erkennen an den Beispielen folgendes Prinzip: Die Vereinfachungen, die schließlich zur Lösung führen, laufen darauf hinaus, daß wir versuchen, die Transformationen so zu gestalten, daß die entstehende Gleichung nur noch eine Variable enthält. Wir haben gesehen, daß dieses Ziel nur erreicht wird, falls die zu beseitigende Variable in den beiden Gleichungen, die addiert werden, entgegengesetzt gleiche Koeffizienten haben. Ist dieses nicht von vornherein der Fall, so muß entsprechend multipliziert werden.

Eine interessante Variante des Additionsverfahrens geht auf *Carl Friedrich Gauß* (deutscher Mathematiker, Astronom und Physiker, 1777—1855) zurück. Dieses Verfahren, der sogenannte Gaußsche Algorithmus ist besonders für Systeme mit höherer Variablenanzahl von Bedeutung, wie sie z. B. bei der „Linearen Optimierung" vorkommen.

Gaußscher Algorithmus

Steigern wir nun die Anzahl der Variablen:

(8)				
	I	x + 4 y + 3 z = — 1	· (— 2)	· (— 3)
	II	2 x + 9 y + 8 z = 1	+	
	III	3 x + 13 y + 12 z = 7		+

Die erste Gleichung benutzen wir dazu, um die Variable x aus den beiden anderen fortzuschaffen. Dazu multiplizieren wir I zunächst mit — 2 und addieren das Resultat zu II, analog I mit (— 3) multiplizieren und das Resultat zu III addieren. Die jeweils entstandenen Gleichungen benutzen wir als Ersatz für II bzw. III. Sie enthalten kein Glied mit x. Die Gleichung I übernehmen wir unverändert. Somit erhalten wir das transformierte System:

I =	I*	x + 4 y + 3 z = — 1	+	
— 2 · I + II =	II*	y + 2 z = 3	· (— 4)	· (— 1)
— 3 · I + III =	III*	y + 3 z = 10		+

Jetzt benutzen wir II* als Rechenzeile, d. h., wir multiplizieren mit —4 und addieren zu I* (analog II* mal —1 und zu III* addieren):

$$\begin{array}{rll} -4\cdot II^* + I^* = I^{**} & x \quad -5z = -13 & \\ II^* = II^{**} & y + 2z = 3 & + \qquad\quad + \\ -1\cdot II^* + III^* = III^{**} & z = 7 & \cdot(+5) \quad \cdot(-2) \end{array}$$

Jetzt verwenden wir III** als Rechenzeile, obwohl aus III** sich der Lösungswert für z ablesen läßt.

$$\begin{array}{rll} +5\cdot III^{**} + I^{**} = I^{***} & x & = 22 \\ -2\cdot III^{**} + II^{**} = II^{***} & y & = -11 \\ III^{**} = III^{***} & z & = 7 \end{array}$$

Hieraus ergibt sich das Lösungstripel (22 | —11 | 7). Von der Richtigkeit der Lösung überzeugen wir uns wieder durch die Probe, die wir wie stets am Ausgangssystem durchführen:

$$\begin{array}{lll} I & 1\cdot 22 + 4\cdot(-11) + 3\cdot 7 = -1 & \text{wahre Aussage} \\ II & 2\cdot 22 + 9\cdot(-11) + 8\cdot 7 = 1 & \text{wahre Aussage} \\ III & 3\cdot 22 + 13\cdot(-11) + 12\cdot 7 = 7 & \text{wahre Aussage} \end{array}$$

Das Verfahren wird natürlich mit steigender Variablen- und Gleichungsanzahl immer unhandlicher. Deswegen benutzen wir einige Vereinfachungen der Schreibweise. Die Variablen werden nun i. a. nicht durch verschiedene Buchstaben bezeichnet, sondern durch denselben Buchstaben x, den wir indizieren. Betrachten wir das System:

$$\begin{array}{rl} (9) & x_1 + 2x_2 + 2x_3 + x_4 = -2 \\ & 2x_1 + x_2 + x_3 + 2x_4 = -7 \\ & 3x_1 + x_2 + x_3 - x_4 = 9 \\ & 4x_1 + 2x_2 + x_3 + 3x_4 = -11 \end{array}$$

Als weitere Vereinfachung führen wir die Umformungen an einem Zahlenschema durch, das nur die Koeffizienten des Systems enthält.

$$A = \left(\begin{array}{cccc|c} 1 & 2 & 2 & 1 & -2 \\ 2 & 1 & 1 & 2 & -7 \\ 3 & 1 & 1 & -1 & 9 \\ 4 & 2 & 1 & 3 & -11 \end{array}\right)$$

Ein derartiges Zahlenschema heißt Matrix. In der ersten Zeile der Matrix finden wir alle Koeffizienten der ersten Gleichung (usw.). In der ersten Spalte stehen alle Koeffizienten der ersten Variablen x_1

(usw.). Die Gleichheitszeichen werden durch einen senkrechten Strich vertreten. Das Rechnen an dieser Matrix erfolgt nach den Lösungsprinzipien des Gleichungssystems.

Liegt derjenige Lösungsfall vor, daß die Lösungsmenge nur ein Element $(x_1 | x_2 | x_3 | x_4)$ enthält, so ist die Lösung gefunden, falls die Matrix in die folgende Form transformiert wurde:

$$R = \left(\begin{array}{cccc|c} 1 & 0 & 0 & 0 & a_1 \\ 0 & 1 & 0 & 0 & a_2 \\ 0 & 0 & 1 & 0 & a_3 \\ 0 & 0 & 0 & 1 & a_4 \end{array}\right)$$

Wir können dann die Lösung ablesen:

$$x_1 = a_1,\ x_2 = a_2,\ x_3 = a_3,\ x_4 = a_4$$

Die Transformation führen wir jetzt so durch, daß die Ausgangsmatrix A schrittweise in die Resultatmatrix R überführt wird. Die einzelnen Schritte bestehen darin, daß jede Spalte links von dem die Gleichheitszeichen ersetzenden senkrechten Strich auf die Form der betreffenden Spalte der Resultatmatrix gebracht wird.

Am besten gehen wir ganz schematisch vor

1. Schritt: Die 1. Spalte bekommt folgende Gestalt:
Das 1. Element wird eine Eins, die weiteren Elemente werden Nullen.

2. Schritt: Die 2. Spalte bekommt folgende Gestalt:
Das 2. Element wird eine Eins, die weiteren Elemente werden Nullen. (An der praktischen Durchführung werden wir sehen, daß die 1. Spalte gemäß Schritt 1 ihre gewünschte Gestalt beibehält.)

3. Schritt: Die 3. Spalte bekommt folgende Gestalt:
Das 3. Element wird eine Eins, die weiteren Elemente werden Nullen. (1. Spalte und 2. Spalte ändern sich nicht.)
usw.

Jetzt führen wir diese Schritte an unserem Beispiel aus.

Ausgangsmatrix

$$A_0 = \left(\begin{array}{cccc|c} (1) & 2 & 2 & 1 & -2 \\ 2 & 1 & 1 & 2 & -7 \\ 3 & 1 & 1 & -1 & 9 \\ 4 & 2 & 1 & 3 & -11 \end{array}\right) \quad \begin{array}{l} \cdot(-2) \text{ (Zeile 1)} \to + \text{ (Zeile 2)} \\ \cdot(-3) \text{ (Zeile 1)} \to + \text{ (Zeile 3)} \\ \cdot(-4) \text{ (Zeile 1)} \to + \text{ (Zeile 4)} \end{array}$$

1. Schritt: Da das 1. Element der 1. Spalte schon eine Eins ist, brauchen wir nur die restlichen Elemente zu Null zu machen. Dieses erreichen wir, indem wir das *Additionsverfahren* anwenden. Wir multiplizieren die 1. *Zeile* mit — 2 und addieren sie dann zur 2. *Zeile*. Das 1. Element dieser Zeile ist eine Null. Wir deuten dieses Vorgehen dadurch an, daß wir die Eins (1. Element der 1. Spalte) einrahmen und die Rechenoperationen, die zur Transformation dienen, neben die Matrix schreiben.

Um die weiteren Nullen in der 1. Spalte zu erzeugen, verfahren wir analog.

Stets multiplizieren wir die 1. Zeile mit einer geeigneten Zahl, damit bei Addition die Null an der gewünschten Stelle entsteht. Wir nennen deshalb hier die 1. Zeile auch Rechenzeile. So entsteht zeilenweise die 1. *transformierte Matrix*. Als ihre 1. Zeile übernehmen wir die 1. Zeile der Ausgangsmatrix, also die Rechenzeile.

1. transformierte Matrix

$$A_1 = \left(\begin{array}{rrrr|r} 1 & 2 & 2 & 1 & -2 \\ 0 & -3 & -3 & 0 & -3 \\ 0 & -5 & -5 & -4 & 15 \\ 0 & -6 & -7 & -1 & -3 \end{array}\right) \begin{array}{l} \\ :(-3) \quad \text{Normierung s. u.} \\ \\ \\ \end{array}$$

2. Schritt: Jetzt muß die 2. Zeile auf die gewünschte Form gebracht werden. Damit das 2. Element eine Eins wird, dividieren wir die 2. Zeile durch — 3. (Wir müssen uns stets vergegenwärtigen, daß es sich bei den Zeilen um Gleichungen handelt, die wir nur vereinfacht schreiben. Das Dividieren gehört bei den Gleichungen zu den erlaubten Operationen.) Die übrigen Zeilen übernehmen wir unverändert. Es ist üblich, den eben geschilderten Vorgang als *Normierung der Rechenzeile* zu bezeichnen.

1. transformierte Matrix mit normierter Rechenzeile

$$A_1^* = \left(\begin{array}{rrrr|r} 1 & 2 & 2 & 1 & -2 \\ 0 & \textcircled{1} & 1 & 0 & 1 \\ 0 & -5 & -5 & -4 & 15 \\ 0 & -6 & -7 & -1 & -3 \end{array}\right) \begin{array}{lll} + & & \\ \cdot(-2) & \cdot 5 & \cdot 6 \\ & + & \\ & & + \end{array}$$

Die zweite Zeile dieser Matrix wird jetzt als Rechenzeile verwendet, um mit Hilfe des Additionsverfahrens das 1., 3. und 4. Element der 2. Spalte zu Null zu machen. Die nötigen Operationen deuten wir wieder neben der obenstehenden Matrix an. Die Rechenzeile wird unverändert in die 2. transformierte Matrix übernommen.

2. transformierte Matrix

$$A_2 = \left(\begin{array}{cccc|c} 1 & 0 & 0 & 1 & -4 \\ 0 & 1 & 1 & 0 & 1 \\ 0 & 0 & 0 & -4 & 20 \\ 0 & 0 & -1 & -1 & 3 \end{array}\right) \begin{array}{l} \\ \\ \leftarrow \text{Vertauschung der Zeilen} \\ \leftarrow \cdot(-1) \text{ Normierung} \end{array}$$

3. Schritt: In der 3. Spalte steht als 3. Element keine Eins. Diesmal nützt keine Normierung, da das betreffende Element eine Null ist. (Multiplikationen oder Divisionen wie beim 2. Schritt würden nichts nützen.) Deshalb vertauschen wir die 3. und 4. Zeile. (Die Reihenfolge der Zeilen ist nämlich gleichgültig, da die Reihenfolge der entsprechenden Gleichungen ebenfalls belanglos ist.) Gleichzeitig normieren wir die neue 3. Zeile durch Multiplikation mit — 1.

2. transformierte Matrix mit normierter Rechenzeile

$$A_2^* = \left(\begin{array}{cccc|c} 1 & 0 & 0 & 1 & -4 \\ 0 & 1 & 1 & 0 & 1 \\ 0 & 0 & ① & 1 & -3 \\ 0 & 0 & 0 & -4 & 20 \end{array}\right) \begin{array}{l} \\ + \\ \cdot(-1) \\ \\ \end{array}$$

Die 3. transformierte Matrix kann jetzt sofort hergestellt werden, da zwei Elemente der 3. Spalte bereits Nullen sind. (3. Zeile ist Rechenzeile, Multiplikation mit — 1 und Addition zur 2. Zeile.)

3. transformierte Matrix

$$A_3 = \left(\begin{array}{cccc|c} 1 & 0 & 0 & 1 & -4 \\ 0 & 1 & 0 & -1 & 4 \\ 0 & 0 & 1 & 1 & -3 \\ 0 & 0 & 0 & -4 & 20 \end{array}\right) \begin{array}{l} \\ \\ \\ :(-4) \text{ Normierung} \end{array}$$

4. Schritt: Die 4. Zeile wird normiert und als Rechenzeile benutzt.

3. transformierte Matrix mit normierter Rechenzeile

$$A_3^* = \left(\begin{array}{cccc|c} 1 & 0 & 0 & 1 & -4 \\ 0 & 1 & 0 & -1 & 4 \\ 0 & 0 & 1 & 1 & -3 \\ 0 & 0 & 0 & ① & -5 \end{array}\right) \begin{array}{lll} + & & \\ & + & \\ & & + \\ \cdot(-1) & \cdot(-1)? & \cdot(-1) \end{array}$$

Die erforderlichen Operationen sind wieder neben der Matrix angedeutet.

4. transformierte Matrix (Resultatmatrix)

$$A_4 = R = \left(\begin{array}{cccc|r} 1 & 0 & 0 & 0 & 1 \\ 0 & 1 & 0 & 0 & -1 \\ 0 & 0 & 1 & 0 & 2 \\ 0 & 0 & 0 & 1 & -5 \end{array}\right)$$

An der 4. transformierten Matrix können wir die Lösung ablesen, wenn wir uns erinnern, daß in der 1. Spalte die Koeffizienten von x_1, in der 2. Spalte die Koeffizienten von x_2 (usw.) stehen.

Das Gleichungssystem hat also jetzt die Gestalt

$$\begin{array}{l} 1 \cdot x_1 + 0 \cdot x_2 + 0 \cdot x_3 + 0 \cdot x_4 = 1 \\ 0 \cdot x_1 + 1 \cdot x_2 + 0 \cdot x_3 + 0 \cdot x_4 = -1 \\ 0 \cdot x_1 + 0 \cdot x_2 + 1 \cdot x_3 + 0 \cdot x_4 = 2 \\ 0 \cdot x_1 + 0 \cdot x_2 + 0 \cdot x_3 + 1 \cdot x_4 = -5 \end{array}$$

Wir erhalten als **Lösung**

$$x_1 = 1,\ x_2 = -1,\ x_3 = 2,\ x_4 = -5$$

Gleichzeitig erkennen wir den Vorteil der durch die verschiedenen Schritte des Verfahrens hergestellten Nullen.

Zusammenfassung

Der Gaußsche Algorithmus bringt die Matrix eines Gleichungssystems schrittweise auf die Form

$$\left(\begin{array}{cccc|c} 1 & 0 & 0 & 0 \ldots 0 & a_1 \\ 0 & 1 & 0 & 0 \ldots 0 & a_2 \\ 0 & 0 & 1 & 0 \ldots 0 & a_3 \\ 0 & 0 & 0 & 1 \ldots 0 & a_4 \\ \vdots & \vdots & \vdots & \vdots \ddots \vdots & \vdots \\ 0 & 0 & 0 & 0 \ldots 1 & a_n \end{array}\right)$$

Dabei wird der Teil der Matrix, der die Koeffizienten der Variablen zusammenfaßt, so transformiert, daß die Elemente, deren Spaltennummer gleich ihrer Zeilennummer ist, zu Eins werden. (Man spricht von der sogenannten Hauptdiagonalen.) Alle übrigen Elemente werden zu Nullen. Dies gilt nur für den Fall ①, Seite 83, der eindeutigen Lösbarkeit.

Wir gehen spaltenweise der Reihe nach vor: Bei jeder Spalte ergeben sich dieselben rechnerischen Schritte. Sind wir z. B. bei der 3. Spalte, wird die 3. Zeile als Rechenzeile benutzt. Sie muß normiert werden, d. h., das

Element aus der Hauptdiagonalen muß zu Eins gemacht werden. (Ist dieses Element gleich Null, so können wir uns durch Vertauschung von Zeilen helfen.) Dieses Element der Hauptdiagonalen steht also im „*Kreuzungspunkt*" der Rechenzeile und der zu transformierenden Spalte. (In der Fachliteratur wird hierfür häufig der aus dem Englischen stammende Fachausdruck p i v o t (sprich: piewet, Betonung auf der 1. Silbe, d. i. „Drehpunkt") verwendet. Die Rechenzeile dient nun zur Erzeugung der Nullen, die über bzw. unter dem *pivot-Element* stehen.

Es ergibt sich also folgende **schematische Darstellung:**

1. Schritt: 1. Zeile ist Rechenzeile

a) falls erforderlich, Vertauschung;

b) falls erforderlich, Normierung;

c) Herstellung der Nullen in der 1. Spalte mit Hilfe der Rechenzeile (Additionsverfahren).

2. Schritt: 2. Zeile ist Rechenzeile

a) falls erforderlich, Vertauschung;

b) falls erforderlich, Normierung;

c) Herstellung der Nullen in der 2. Spalte mit Hilfe der Rechenzeile (Additionsverfahren).

usw.

Rechnen wir jetzt das System (8) noch einmal in Matrizenschreibweise.

$$\left(\begin{array}{ccc|c} \textcircled{1} & 4 & 3 & -1 \\ 2 & 9 & 8 & 1 \\ 3 & 13 & 12 & 7 \end{array}\right) \quad \begin{array}{ll} \cdot(-2) & \cdot(-3) \\ + & \\ & + \end{array}$$

$$\left(\begin{array}{ccc|c} 1 & 4 & 3 & -1 \\ 0 & \textcircled{1} & 2 & 3 \\ 0 & 1 & 3 & 10 \end{array}\right) \quad \begin{array}{ll} + & \\ \cdot(-4) & \cdot(-1) \\ & + \end{array}$$

$$\left(\begin{array}{ccc|c} 1 & 0 & -5 & -13 \\ 0 & 1 & 2 & 3 \\ 0 & 0 & \textcircled{1} & 7 \end{array}\right) \quad \begin{array}{ll} + & \\ & + \\ \cdot 5 & \cdot(-2) \end{array}$$

$$\left(\begin{array}{ccc|c} 1 & 0 & 0 & 22 \\ 0 & 1 & 0 & -11 \\ 0 & 0 & 1 & 7 \end{array}\right) \qquad \text{Lösung : } (22 \mid -11 \mid 7)$$

Wir sehen, beide Lösungswege entsprechen einander vollständig.

Zwei w e i t e r e V e r f a h r e n sollen nur kurz erwähnt werden.

Einsetzungsverfahren

Wir haben z. B. ein System der folgenden Art:

(10) I $3x + 4y = 6$

II $4y = 9x$

Wir könnten jetzt II von I subtrahieren

I — II $3x = 6 - 9x$

oder $3x + 9x = 6$

Zur selben Zeile gelangen wir aber, falls wir in I anstatt 4 y den Term 9 x verwenden. Das Prinzip des Verfahrens liegt also darin, daß für einen Term in einer Gleichung (hier Gleichung I) ein anderer Term eingesetzt wird. Die „Erlaubnis“ dazu gibt eine weitere Gleichung (hier die Gleichung II), die zwischen dem ersetzten und dem ersetzenden Term besteht.

Weiteres Beispiel

I $5x + 26y = 10$

II $13y = -10x$

II in I $5x + 2(-10x) = 10$

Gleichsetzungsverfahren

Ist das System (10) in anderer Gestalt gegeben

(10) I $4y = 3x + 6$

II $4y = 9x$

und praktizieren wir das Einsetzungsverfahren, so entsteht die Gleichung:

II in I $9x = 3x + 6.$

Mithin haben wir die beiden rechten Seiten „gleichgesetzt“.

5. Übungen

Ermitteln Sie die Lösungen der folgenden Systeme! (Grundmenge soll stets die Menge der reellen Zahlen sein.)

1. I $5x - 3y = 20$

II $2x + 4y = 34$

2. I $-2x + 6y = 0$
II $3x - 9y = 1$

3. I $x + y + z = 1$
II $x + 2y + 3z = 7$
III $2x + 3y + 4z = 8$

4. I $x_1 + x_2 + x_3 = 6$
II $x_1 - x_2 + 2x_3 = 5$
III $3x_1 + 2x_2 - x_3 = 4$

5. I $x_2 + 4x_3 + x_4 = 3$
II $x_1 + x_2 + x_3 + x_4 = 4$
III $2x_1 - x_2 - x_4 = -1$
IV $4x_1 + 2x_3 - x_4 = 0$

Lösungen zu den Übungen V. 3

1) $x = -1{,}75$
2) $x = 1$
3) keine Lösung
4) alle Elemente der Grundmenge sind Lösungen
5) $x = 0{,}7$
6) $x_1 = 0 \quad x_2 = 4$
7) $x = 1{,}8$

6. Die Lösung von quadratischen Gleichungen

Eine Gleichung der Form

(1) $$ax^2 + bx + c = 0 \qquad (a \neq 0)$$

heißt Gleichung 2. Grades (oder quadratische Gleichung). Wie bei der quadratischen Funktion haben wir das quadratische Glied ax^2, das lineare Glied bx und das absolute Glied c. Da $a \neq 0$, können wir (1) durch a dividieren:

(2) $$x^2 + \frac{b}{a}x + \frac{c}{a} = 0.$$

Nach Umbenennung lautet die Gleichung:

(3) $$x^2 + px + q = 0.$$

Die letzte Beziehung heißt Normalform der quadratischen Gleichung. Wir sehen, daß sie nur die zwei Parameter p und q enthält. Ein Beispiel haben wir schon im einführenden Abschnitt kennengelernt:

$$x^2 + 4x - 12 = 0$$

Die Lösungsmenge enthält nur die Elemente $x_1 = -6$ und $x_2 = 2$. Bevor wir uns ein allgemeines Rechenverfahren zurechtlegen, betrachten wir zwei Sonderfälle für die Parameter p und q.

1. Sonderfall p = 0 (Reinquadratische Gleichung)

Die Gleichung lautet jetzt:

(4) $$x^2 + q = 0 \quad (\text{z. B. } x^2 - 4 = 0)$$

Wir schreiben sie um (auf beiden Seiten 4 subtrahieren):

$$x^2 = 4$$

Das Lösungsverfahren besteht jetzt darin, das Quadrat zu „beseitigen". Dieses gelingt durch die umkehrende Rechenart, das Wurzelziehen. (Wir erinnern uns, das Quadratwurzelziehen ist zweideutig!)

Wurzel aus der linken Seite:

$$x$$
oder $$-x$$

Wurzel aus der rechten Seite:

$$2$$ oder
$$-2$$

Es entstehen vier Gleichungen:

$$\left.\begin{aligned} x &= 2 \\ -x &= -2 \end{aligned}\right\}$$
$$\left.\begin{aligned} x &= -2 \\ -x &= 2 \end{aligned}\right\}$$

Diese vier Gleichungen lassen sich auf zwei Gleichungen reduzieren, wenn wir die 2. und die 4. Gleichung mit — 1 multiplizieren.

Wir kommen so zu zwei Lösungen, die wir indizieren:

$$x_1 = 2$$

$$x_2 = -2$$

Auch hier verwenden wir als Kontrolle die Probe. Für die allgemeine Form $x^2 + q = 0$ erhalten wir die Lösungen:

$$x_{1/2} = \pm \sqrt{-q}$$

Falls wir als Grundmenge die Menge der reellen Zahlen verwenden, sehen wir, daß wir nur Lösungen erhalten, falls $q \leq 0$ ist. (Dann ist $-q$ nämlich positiv bzw. Null.)

Z. B. $$x^2 + 4 = 0; (x \in R)$$

keine Lösung!

2. Sonderfall $q = 0$ (Quadratische Gleichung ohne absolutes Glied)

(5) $$x^2 + px = 0 \qquad p \neq 0$$

Wir können umformen (ausklammern):

$$x \cdot (x + p) = 0$$

Die linke Seite ist also in ein Produkt aus den Faktoren x sowie $(x + p)$ verwandelt worden. Wir betrachten demnach ein Produkt, das den Wert Null haben soll (siehe rechte Seite). Nun können wir über ein Produkt, das den Wert Null hat, eine einfache, aber wichtige Feststellung machen:

Ein Produkt hat nur den Wert Null, wenn mindestens einer der Faktoren den Wert Null hat.

Da unsere beiden Faktoren variabel sind, d. h. viele Werte annehmen, besteht für sie die Möglichkeit, daß sie zu Null werden.

Wir versuchen also:

$$\text{I.} \quad x = 0$$

$$\text{II.} \quad x + p = 0 \quad \text{d. h.} \quad x = -p$$

und haben somit zwei Lösungen gefunden (falls die Grundmenge es zuläßt).

$$x_1 = 0; \qquad x_2 = -p$$

Die Probe in der Ausgangsgleichung bestätigt uns, daß hiermit Lösungen vorliegen

$$0^2 + p \cdot 0 = 0 \quad \text{wahre Aussage}$$

$$(-p)^2 + p(-p) = 0 \quad \text{wahre Aussage}$$

Bemerkung

Der oben angeführte Satz läßt sich nicht nur bei quadratischen Gleichungen, sondern auch bei Gleichungen höheren Grades anwenden, falls sie in Produktform gegeben sind, z. B. $x \cdot (x - 1) \cdot (x + 2) \cdot (x - 5) = 0$. Diese Gleichung 4. Grades hat die vier Lösungen

$$x_1 = 0, x_2 = 1, x_3 = -2, x_4 = 5$$

(Probe!)

Wir kommen nun zum **Normalfall**

(3) $$x^2 + px + q = 0$$

(Er enthält auch die beiden Sonderfälle.)

Falls $q \neq 0$, können wir x nicht ausklammern und so das Quadrat beseitigen. Die Produktmethode kann nur in günstigen Fällen verwendet werden

$$\text{z. B.} \quad x^2 + 3x + 2 = (x + 1)(x + 2) = 0.$$

Daher müssen wir wieder auf das Wurzelziehen zurückgreifen. Da wir dann aber die W u r z e l a u s e i n e r S u m m e ziehen müssen, studieren wir zunächst diesen Vorgang. Aus Quadratzahlen können wir die Wurzel sofort ziehen. Wie eine Summe aussieht, die durch Quadrieren entstanden ist, wissen wir von den *Binomischen Formeln:*

$$(a + b)^2 = a^2 + 2ab + b^2$$

$$\text{bzw.} \quad (a - b)^2 = a^2 - 2ab + b^2$$

Hieraus gewinnen wir sofort die Umkehrungen:

$$\sqrt{a^2 \pm 2ab + b^2} = \sqrt{(a \pm b)^2} = a \pm b$$

Somit ist der einzuschlagende Weg vorgezeichnet: Wir verwandeln zunächst die Summe in ein Quadrat und ziehen dann die Wurzel. Jetzt lesen wir die Bedingungen ab, unter denen eine Summe in ein Quadrat verwandelt werden kann:

1. Es treten *drei Summanden* auf a^2, b^2, $\pm 2ab$
2. Zwei dieser Summanden sind *Quadrate* a^2, b^2. Sie müssen mit dem positiven Zeichen versehen sein.
3. Der dritte Summand ist entweder *positiv oder negativ*

$$(+ 2ab \text{ bzw. } - 2ab).$$

Dividieren wir ihn durch 2, so erhalten wir, abgesehen vom Vorzeichen, das Produkt $a \cdot b$. Dabei sind aber a und b gerade die Wurzeln aus den beiden anderen unter 2. erwähnten Summanden

$$\sqrt{a^2} = a, \quad \sqrt{b^2} = b$$

Beispiele:

1. $a^2 + b^2$ Bedingung 1.) ist verletzt
   $a^2 + b^2 \neq (a + b)^2$

2. $a^2 - 2ab - b^2$ Bedingung 2.) ist verletzt

3. $r^2 + rs + s^2$ Bedingung 3.) ist verletzt $r \cdot s \neq (r \cdot s) : 2$

4. $x^2 + 10x + 25 = (x + 5)^2$,
   denn $\sqrt{x^2} = x$, $\sqrt{25} = 5$ $5 \cdot x = 10x : 2$

5. $169 = 100 + 60 + 9 = (10 + 3)^2$
   denn $\sqrt{100} = 10$, $\sqrt{9} = 3$
   $3 \cdot 10 = 60 : 2$

6. $x^2 + 10x + 49$ Bedingung 3.) verletzt, denn
   $x \cdot 7 \neq 10x : 2$

7. $x^2 + 14x + 49 = (x + 7)^2$

8. $x^2 - 6x + 9 = (x - 3)^2$

9. $x^2 + 4x + 4 = (x + 2)^2$

Kehren wir von diesen algebraischen Umformungen zu unserem Problem zurück, eine quadratische Gleichung zu lösen. Betrachten wir wieder das Beispiel

$$x^2 + 4x - 12 = 0.$$

Wir sehen, daß sich die linke Seite nicht in ein Quadrat verwandeln läßt (Bedingung 2 verletzt). (Wie wir am oberen Beispiel 9 erkennen, müßte an Stelle -12 der Wert $+4$ stehen.) Nun ist es aber bei einer Gleichung erlaubt, auf der linken Seite -12 durch $+4$ zu ersetzen, falls wir auch die rechte Seite entsprechend verändern.

Durch welche erlaubte Transformation gelangen wir von

$$x^2 + 4x - 12 \quad \text{zu} \quad x^2 + 4x + 4?$$

Wir müssen 16 addieren. Also sieht unsere zum Wurzelziehen zurechtgemachte Gleichung jetzt so aus:

$$x^2 + 4x - 12 + 16 = 0 + 16$$

$$x^2 + 4x + 4 = 16$$

$$(x + 2)^2 = 16$$

d. h. $$x + 2 = \pm 4$$

oder $$x_1 = -2 + 4 = 2$$

$$x_2 = -2 - 4 = -6$$

Hiermit haben wir die auch schon weiter oben angegebenen Lösungen. (Die Reihenfolge der Indizierung ist belanglos.)

Betrachten wir ein weiteres Beispiel

$$x^2 + 8x + 12 = 0.$$

Die linke Seite ist wiederum nicht unmittelbar in ein Quadrat umzuschreiben. Vergleichen wir deshalb die linke Seite mit der Binomischen Formel

$$a^2 + 2ab + b^2$$

Das erste quadratische Glied a^2 ist schon vorhanden: x^2, d. h. es entspricht dem a das x. Dann sehen wir an den beiden zweiten Gliedern 8x und 2ab, daß für $2 \cdot b$ genau 8 übrigbleibt. Damit wissen wir aber, b ist mit 4 anzusetzen. Also ist das noch fehlende zweite Quadrat b^2 gleich 16.

$$a^2 + 2 \cdot a \cdot b + b^2 = (a + b)^2$$
$$x^2 + 2 \cdot x \cdot 4 + 4^2 = (x + 4)^2$$

Wir vollziehen also folgende Schritte, um die linke Seite zu einem vollständigen Quadrat zu ergänzen:

1. Halbieren des Koeffizienten des linearen Gliedes *hier* $8 : 2 = 4$;
2. Quadrieren des Resultates von 1.), *hier* $4^2 = 16$;
3. Ersetzen des bisherigen absoluten Gliedes (Glied ohne x) durch das Resultat von 2.), *hier* Ersetzen von 12 durch 16.

Natürlich dürfen wir nicht vergessen, die Gleichung abzustimmen. Dieses geschieht am besten dadurch, daß wir das absolute Glied der Ausgangsgleichung (hier 12), das ja doch nicht zu unserem angestrebten Quadrat paßt, von Anfang an umstellen (wegsubtrahieren). Gehen wir den Weg noch einmal:

(1) **Start** (Ausgangsgleichung)

$$\mathbf{x^2 + 8x + 12 = 0;}$$

(2) 12 auf beiden Seiten subtrahieren

$$x^2 + 8x = -12;$$

(3) linke Seite vergleichen mit

$$a^2 + 2ab + b^2,$$

fehlendes b^2 suchen

$$\mathbf{x = a;\ 8 = 2b;\ b = 4;\ b^2 = 16;}$$

(4) $b^2 = 16$ auf beiden Seiten addieren

$$\mathbf{x^2 + 8x + 16 = -12 + 16;}$$

(5) beide Seiten umrechnen

$$(x + 4)^2 = 4;$$

(6) Wurzel ziehen

$$x + 4 = \pm 2;$$

(7) **Lösung**

$$x_1 = -4 + 2 = -2$$

$$x_2 = -4 - 2 = -6.$$

Probe

I $(-2)^2 + 8(-2) + 12 = 0$

$4 - 16 + 12 = 0$ wahre Aussage

II $(-6)^2 + 8(-6) + 12 = 0$

$36 - 48 + 12 = 0$ wahre Aussage.

Dieses „Programm" durchlaufen wir jetzt für die Normalform $x^2 + px + q = 0$:

(1) **Start** $$x^2 + px + q = 0;$$

(2) $$x^2 + px = -q;$$

(3) $$a^2 + 2ab + b^2;$$

$$a = x; \quad 2b = p, \quad b = \frac{p}{2}, \quad b^2 = \left(\frac{p}{2}\right)^2;$$

(4) $$x^2 + px + \left(\frac{p}{2}\right)^2 = -q + \left(\frac{p}{2}\right)^2$$

(5) $$\left(x + \frac{p}{2}\right)^2 = \left(\frac{p}{2}\right)^2 - q;$$

(6) $$x + \frac{p}{2} = \pm \sqrt{\left(\frac{p}{2}\right)^2 - q};$$

(7) **Lösungsformel** $$\boxed{x_{1/2} = -\frac{p}{2} \pm \sqrt{\left(\frac{p}{2}\right)^2 - q}}$$

Damit haben wir den Lösungsweg formalisiert. In (7) haben wir die sogenannte **Lösungsformel.** Mit ihrer Hilfe können wir zu einer beliebigen, auf Normalform gebrachten quadratischen Gleichung die Lösung sofort angeben.

Beispiel:

$$x^2 + 5x + 6 = 0;$$

vergleichen mit $x^2 + px + q = 0;$

mithin $p = 5, q = 6.$

Diese beiden Werte werden in die Lösungsformel eingesetzt:

$$x_{1/2} = -\frac{5}{2} \pm \sqrt{\left(\frac{5}{2}\right)^2 - 6}$$

$$= -\frac{5}{2} \pm \sqrt{\frac{25}{4} - \frac{24}{4}}$$

$$= -\frac{5}{2} \pm \sqrt{\frac{1}{4}}$$

$$= -\frac{5}{2} \pm \frac{1}{2}$$

$$x_1 = -\frac{4}{2} = \underline{\underline{-2}}$$

$$x_2 = -\frac{6}{2} = \underline{\underline{-3}}$$ **Probe!**

Ein weiteres **Beispiel:**

$$3x^2 - 5x - 2 = 0.$$

Auf Normalform bringen (durch 3 dividieren)

$$x^2 - \frac{5}{3}x - \frac{2}{3} = 0$$

$$x^2 + px + q = 0$$

$$p = -\frac{5}{3}; \quad q = -\frac{2}{3}$$

$$x_{1/2} = -\left(-\frac{5}{2 \cdot 3}\right) \pm \sqrt{\left(\frac{5}{2 \cdot 3}\right)^2 - \left(-\frac{2}{3}\right)}$$

$$= +\frac{5}{6} \pm \sqrt{\frac{25}{36} + \frac{2}{3}}$$

$$= \frac{5}{6} \pm \sqrt{\frac{25}{36} + \frac{24}{36}}$$

$$= \frac{5}{6} \pm \sqrt{\frac{49}{36}}$$

$$= \frac{5}{6} \pm \frac{7}{6}$$

$$x_1 = \frac{12}{6} = \underline{\underline{2}}$$

$$x_2 = -\underline{\underline{\frac{1}{3}}} \qquad \text{Probe!}$$

Leider verläuft das Auswerten der Wurzel nicht immer so glatt wie in den vorangegangenen Beispielen. Wir unterscheiden zwei Fälle:

1. **Die Wurzel ist irrational,** d. h. der Radikand ist zwar nicht negativ, aber keine Quadratzahl:

   z. B. $\sqrt{2}$, $\sqrt{7}$, $\sqrt{1,1}$

   Da wir aber gewohnt sind, mit rationalen Zahlen (Bruch mit ganzzahligem Zähler und ganzzahligem Nenner) zu arbeiten, verschaffen wir uns aus einer Quadratzahltafel einen rationalen Näherungswert,

   z. B. $\sqrt{2} \approx 1{,}4$; $\sqrt{7} \approx 2{,}6$; $\sqrt{1,1} \approx 1{,}05$

   Beispiel für eine quadratische Gleichung:

$$x^2 + 2x - 2 = 0$$

$$x_{1/2} = -1 \pm \sqrt{1 + 2}$$

$$x_{1/2} = -1 \pm \sqrt{3}$$

$$x_1 \approx 0{,}73$$

$$x_2 \approx -2{,}73$$

2. **Die Wurzel ist imaginär,** d. h. der Radikand ist negativ;

   z. B. $\sqrt{-1}$, $\sqrt{-3}$

   Dann gibt es *keine reelle* Lösung. (Jedem Punkt der x-Achse entspricht genau eine reelle Zahl x und umgekehrt.) Da für uns die umfangreichste Menge die Menge der reellen Zahlen ist, haben wir also k e i n e Lösung. Die Lösungsmenge ist die Leermenge.

Beispiel für eine quadratische Gleichung ohne reelle Lösung:

$$x^2 + 2x + 2 = 0$$

$$x_{1/2} = -1 \pm \sqrt{1-2}$$

$$x_{1/2} = -1 \pm \sqrt{-1}$$

keine reelle Lösung!

Zum Abschluß des Kapitels wenden wir auf die beiden Gleichungen, die wir im Abschnitt über lineare Gleichungen schon gelöst hatten, die Lösungsformel an.

1. (Beispiel 5 von Seite 78) $x(x+1) = 3x$
2. (Beispiel 6 von Seite 78) $x(2x-1) = 3(2x-1)$

Wir erkennen erst nach einer kurzen Umformung, daß es sich um quadratische Gleichungen handelt: Wir können ein quadratisches, ein lineares und ein absolutes Glied aufstellen. (Das Kennzeichen für eine quadratische Gleichung ist natürlich das quadratische Glied; Glieder, in denen die Variable x in einer höheren Potenz vorkommt, treten hier nicht auf.)

1.

$$x(x+1) = 3x \quad \text{Klammer auflösen}$$

$$x^2 + x = 3x \quad 3x \text{ subtrahieren}$$

$$x^2 - 2x = 0 \quad \text{Normalform } p = -2,\ q = 0$$

$$x_{1/2} = -\frac{-2}{2} \pm \sqrt{\left(\frac{-2}{2}\right)^2 - 0}$$

$$= 1 \pm 1$$

$$x_1 = 2 \qquad x_2 = 0$$

Die Rechnung ist ein Beispiel dafür, daß wir den oben beschriebenen 2. Sonderfall auch mit Hilfe der Lösungsformel bearbeiten können.

2.

$$x(2x-1) = 3(2x-1)$$

$$2x^2 - x = 6x - 3$$

$$2x^2 - 7x + 3 = 0$$

$$x^2 - 3{,}5x + 1{,}5 = 0 \quad [p = -3{,}5;\ q = 1{,}5]$$

$$x_{1/2} = -\frac{-3{,}5}{2} \pm \sqrt{\left(\frac{-3{,}5}{2}\right)^2 - 1{,}5}$$

$$= +1{,}75 \pm \sqrt{1{,}5625}$$

$$= 1{,}75 \pm 1{,}25$$

$$\underline{\underline{x_1 = 3}} \qquad \underline{\underline{x_2 = 0{,}5}}$$

7. Übungen

I. Geben Sie die Lösungsmenge der nachstehenden quadratischen Gleichungen an!

Grundmenge sei stets die Menge der reellen Zahlen

1. $x^2 - 100 = 0$
2. $x^2 + 100 = 0$
3. $2x^2 + 50x = 0$
4. $10x^2 = x$
5. $10x^2 = 20$
6. $x^2 + 30x + 200 = 0$
7. $x^2 + 30x + 222 = 0$
8. $x^2 + 30x + 225 = 0$
9. $x^2 + 30x + 230 = 0$
10. $x^2 - 30x + 200 = 0$
11. $x^2 - 30x - 175 = 0$
12. $3x^2 + 30x + 27 = 0$
13. $(x + 1)(x + 2) = 2$
14. $(x + 1)(x + 2) = 6$
15. $(x + 1)^2 = x$
16. $\frac{1}{x} + x + 2 = 0$

II. Prüfen Sie das folgende Kriterium für reelle Lösungen!

Kriterium:

Die Lösungen der quadratischen Gleichung

$$x^2 + px + q = 0$$

sind genau dann reell, falls die Beziehung

$$p^2 \geqq 4q$$

erfüllt ist.

III. Lösen Sie die folgenden Gleichungen!

(**Anleitung**: Wenden Sie den Satz vom Produkt, das den Wert Null hat, an.)

17. $(x + 1)(x - 2) = 0$
18. $x(x - 4)(x - 10) = 0$
19. $x^3 - 25x = 0$
20. $x^4 + 10x^3 = 0$
21. $x^3 + 5x^2 + 6x = 0$

Lösungen zu den Übungen V. 5

1. $x = 7, \quad y = 5$

2. Keine Lösung, da I und II sich widersprechen

   I: $2 \quad = \text{I a} \quad -x + 3y = 0$

   II: $(-3) = \text{II a} \quad -x + 3y = -\frac{1}{3}$

3. I + II = III, daher gibt die Gleichung III keine neue Information und kann weggelassen werden. (Beim Gaußschen Algorithmus ergibt sich eine Zeile, in der alle Elemente Null sind.) Mithin besteht das System nur aus den Gleichungen I und II. (Ebensogut hätten wir auch eine andere Gleichung weglassen können.) Nun haben wir eine Variable mehr als Gleichungen vorhanden sind. Die Hauptdiagonale enthält also nur zwei Elemente. Die 3. Spalte kann nicht auf die gewünschte Form (3. Element gleich eins) gebracht werden. Der Lösungsweg wird wie folgt vorgenommen:

$$A_0 = \left(\begin{array}{ccc|c} ① & 1 & 1 & 1 \\ 1 & 2 & 3 & 7 \end{array}\right)$$

$$A_1 = \left(\begin{array}{ccc|c} 1 & 1 & 1 & 1 \\ 0 & ① & 2 & 6 \end{array}\right)$$

$$A_2 = R = \left(\begin{array}{ccc|c} 1 & 0 & -1 & -5 \\ 0 & 1 & 2 & 6 \end{array}\right)$$

   Die letzte Matrix liefert die beiden Gleichungen

   $$\begin{array}{lll} \text{I} & x \quad - z = & -5 \\ \text{II} & y + 2z = & 6 \end{array}$$

   oder

   $$\begin{array}{lll} \text{I} & x & = -5 + z \\ \text{II} & y & = 6 - 2z \end{array}$$

   Wir erkennen, daß unendlich viele Lösungen vorliegen. Jede dieser Lösungen erhalten wir, indem wir für z einen beliebigen Wert aus der Grundmenge einsetzen.

   z ist hier ein Lösungsparameter.

   Z. B. sind die folgenden Tripel Lösungen (für z der Reihe nach 0, 1, 2, 3 eingesetzt)

   $(-5 \mid 6 \mid 0), \quad (-4 \mid 4 \mid 1), \quad (-3 \mid 2 \mid 2), \quad (-2 \mid 0 \mid 3).$

4. $x_1 = 1, \quad x_2 = 2, \quad x_3 = 3$

5. $x_1 = 1, \quad x_2 = -1, \quad x_3 = 0, \quad x_4 = 4$

VI. Die Betrachtung des Unbegrenzten

In den nächsten Abschnitten wollen wir die wichtigsten mathematischen Disziplinen

Differentialrechnung und Integralrechnung

kennenlernen. In beiden Rechnungsarten richten wir wieder unseren Blick in der Hauptsache auf mathematische Funktionen. Die Differentialrechnung behandelt dabei besonders die *Veränderungen*, denen die Funktionswerte einer Funktion während ihres Verlaufs unterworfen sind. Die Integralrechnung beschäftigt sich z. B. mit der *Bestimmung von Flächen*, die durch Kurven begrenzt werden.

Zunächst müssen wir uns in einem einleitenden Kapitel die hierfür nötigen Arbeitsmittel zurechtlegen. Diese sind bei der ersten Betrachtung ungewohnt, denn sie beziehen das „Unbegrenzte“ (infinitus, lat.: unbegrenzt) in die mathematischen Betrachtungen mit ein.

1. Die Folge als besondere Funktion

Wir stellen erneut die Menge N der natürlichen Zahlen an den Anfang der Betrachtungen.

$$N = \{1, 2, 3, 4 \ldots\}$$

Diese uns vom Zählen vertraute Menge erfüllt nämlich die in der Überschrift verlangte Eigenschaft: *Ihre Elementanzahl ist unbegrenzt.* In der symbolischen Darstellung deuten die drei Punkte darauf hin, daß wir stets zu einer (noch so großen) natürlichen Zahl die darauf folgende angeben können. Unser Zahlsystem ist dementsprechend konstruiert.

Mit einer geringfügigen sprachlichen Änderung benutzen wir die natürlichen Zahlen, um Ordnungen auszudrücken: der Erste, der Zweite, der Dritte, ... bzw. 1., 2., 3., ...

Dieser Vorgang des Ordnens entspricht der Paarbildung, die wir von der Funktion her kennen: Einer natürlichen Zahl wird genau ein Objekt zugeordnet. Dabei gehen wir hinsichtlich der natürlichen Zahlen der Reihe nach vor. (Gelegentlich spricht man von der Numerierung der betreffenden Objekte.)

Betrachten wir z. B. als Objekte die Augenzahlen bei zehn hintereinander geworfenen Würfen eines Würfels. Als Anordnung soll die zeitliche Aufeinanderfolge dienen. Es genügt, in diesem Falle die Ergebnisse der Würfe hintereinander aufzuschreiben:

$$5, 1, 2, 4, 4, 6, 3, 1, 3, 2$$

Aus der Stellung der Augenzahl in dieser Anordnung läßt sich unmittelbar die Zuordnung zu den ersten zehn natürlichen Zahlen erkennen. Bei umfangreicheren „Listen" ist es übersichtlicher, die sogenannte „laufende Nummer" anzubringen. Hier erkennen wir sofort die erwähnte Zuordnung.

Lfd. Nr.	1	2	3	4	5	6	7	8	9	10
Augenzahl	5	1	2	4	4	6	3	1	3	2

Zugleich haben wir damit die uns schon als Wertetabelle einer Funktion bekannte Aufstellung. Die verwendeten natürlichen Zahlen treten als Definitionsmenge X auf, die Augenzahlen entstammen der Wertemenge Y. Mit Hilfe der üblichen Funktionssymbolik $y = f(x)$ können wir jetzt auch einzelne Werte aus der Tabelle herausgreifen, etwa $f(1) = 5$ oder $f(10) = 2$. Damit ist gemeint, daß der natürlichen Zahl 1 die Augenzahl 5 zugeordnet wurde (bzw. der 10 die 2). In allgemeiner Weise läßt sich die Zuordnung auch durch eine Indizierung vornehmen:

$$a_1, a_2, a_3, a_4, a_5, \ldots, a_{10}$$

Dann können wir (uns auf das Würfelbeispiel beziehend) schreiben:

$$a_1 = 5, a_{10} = 2.$$

Mit aufgezählten, geordneten, durchnumerierten Aufstellungen dieser Art müssen wir uns nunmehr beschäftigen.

Jede durchnumerierte Anordnung von (mathematischen) Objekten heißt Folge.

Jedes so geordnete Objekt heißt *Glied der Folge.* Demnach ist die Folge eine Funktion, deren unabhängige Variable nur Werte aus der Menge der natürlichen Zahlen annehmen kann. Die jeweils zugehörigen Werte der abhängigen Variablen sind die Glieder der Folge.

Die Anzahl der Glieder einer Folge kann jede natürliche Zahl sein. Für den Anfang beschäftigen wir uns nur mit Folgen, die einige wenige Glieder haben. Der eigentliche Sinn der Abhandlung ist es aber, die Gliedanzahl unbegrenzt wachsen zu lassen und dabei die Tendenz der Glieder zu beobachten. Im Abschnitt *„Grenzwerte"* kommen wir darauf zu sprechen.

Beispiele:

(1) Die natürlichen Zahlen bilden selbst eine Folge, wir erkennen sofort, daß 1 das erste Glied, 2 das zweite Glied usw. ist
1, 2, 3, 4, 5, 6, ...

(2) Die geraden Zahlen
2, 4, 6, 8, 10, 12, ...

(3) Die ungeraden Zahlen
1, 3, 5, 7, 9, 11, ...

(4) Die Quadratzahlen
1, 4, 9, 16, 25, 36, ...

(5) Die Potenzen von 2
2, 4, 8, 16, 32, 64, ...

Alle fünf eben erwähnten Beispiele für Folgen unterscheiden sich von dem einleitenden Beispiel dadurch, daß ihnen jeweils eine algebraische Zuordnungsvorschrift (Funktionsgleichung) zugrunde liegt. Um den Bereich der Folgen von den übrigen Funktionen abzusetzen, verwenden wir für die unabhängige Variable, die ja hier stets eine natürliche Zahl ist, den stellvertretenden Buchstaben n (anstatt x). Damit können wir die betreffenden Funktionsgleichungen angeben. Die oben angeführten Beispiele haben die nachstehenden Funktionsgleichungen:

(1) $a_n = f(n) = n$, (2) $a_n = f(n) = 2n$, (3) $a_n = f(n) = 2n - 1$,

(4) $a_n = f(n) = n^2$, (5) $a_n = f(n) = 2^n$.

In diesem Zusammenhang wird die Funktionsgleichung auch mitunter als n-tes Glied bezeichnet. Besitzen wir die Funktionsgleichung einer Folge, so können wir jedes gewünschte Glied ausrechnen. Wir brauchen nur seine Nummer in die Funktionsgleichung einzusetzen.

Beispiele

Das 10. Glied der Folge (5) ist zu berechnen.

$a_{10} = f(10) = 2^{10} = \underline{\underline{1024}}$

Wie lautet die 12. Quadratzahl [Folge (4)]?

$a_{12} = f(12) = 12^2 = \underline{\underline{144}}$

2. Die arithmetische Folge

Erinnern wir uns an eine der im Abschnitt IV. 4. (s. Seite 60) besprochenen linearen Funktionen

$$y = f(x) = \tfrac{1}{2}x + 1.$$

Da wir nur natürliche Zahlen als Werte für die unabhängige Variable x verwenden wollen, schreiben wir sie um

$$a_n = f(n) = \frac{1}{2}n + 1$$

und setzen für n der Reihe nach ein, um die Folge zu erhalten.

1,5; 2; 2,5; 3; 3,5; 4; ...

Wir sehen, zum ersten Glied 1,5 wird fortlaufend 0,5 addiert, um die einzelnen Glieder zu erhalten.

$$a_1 = 1{,}5 \qquad (= a_1 + 0 \cdot 0{,}5)$$
$$a_2 = a_1 + 0{,}5 \qquad (= a_1 + 1 \cdot 0{,}5)$$
$$a_3 = a_2 + 0{,}5 \qquad (= a_1 + 2 \cdot 0{,}5)$$
$$a_4 = a_3 + 0{,}5 \qquad (= a_1 + 3 \cdot 0{,}5)$$

oder für das n-te Glied:

$$a_n = a_{n-1} + 0{,}5 = a_1 + (n-1) \cdot 0{,}5$$

(Setzen wir für $a_1 = 1{,}5$, erhalten wir nach Auflösung der Klammer die obere Darstellung $a_n = 0{,}5\,n + 1$.)

Würden wir nicht jeweils 0,5, sondern einen anderen konstanten Betrag d addieren, hätten wir als Ergebnis

$$\boldsymbol{a_n = f(n) = a_1 + (n - 1) \cdot d}$$

Mit Hilfe dieser Beziehung können wir eine allgemeine Form der arithmetischen Folge aufschreiben:

a_1 ,	$a_1 + d$,	$a_1 + 2d$,	$a_1 + 3d$,	... ,	$a_1 + (r-1)d$,	...
1. Glied,	2. Glied ,	3. Glied ,	4. Glied ,	... ,	r-tes Glied ,	...

a_1 und d sind hierbei wieder Parameter. Wenn wir eine bestimmte arithmetische Folge herausgreifen, müssen wir für a_1 und d konkrete (für die betreffende Folge konstante) Werte angeben. Das soll in den nachstehenden Beispielen geschehen.

Beispiele:

(1) Parameter: $d = 3;\ a_1 = 7$

Folgefunktion: $f(n) = 7 + 3 \cdot (n-1) = 3n + 4$

Die ersten fünf Glieder: 7, 10, 13, 16, 19

Wie lautet das 100. Glied? $f(100) = 3 \cdot 100 + 4 = \underline{\underline{304}}$

Kommt die Zahl 77 in der Folge vor?

$77 = 3\,n + 4$

$73 = 3\,n$ Nein! 73 läßt sich nicht ohne Rest durch 3 teilen.

(2) Parameter: $d = 10;\ a_1 = 8$

Folgefunktion: $f(n) = 8 + 10\,(n-1) = 10\,n - 2$

Die ersten fünf Glieder: 8, 18, 28, 38, 48

Wie lautet das 35. Glied? $f(35) = 10 \cdot 35 - 2 = 348$

Ferner sind die Beispiele (1), (2), (3) des vorigen Abschnittes arithmetische Folgen (1) $d = 1;\ a_1 = 1$ (2) $d = 2;\ a_1 = 2$ (3) $d = 2;\ a_1 = 1$.

Wir sehen an den Beispielen, daß die Folgeglieder von Glied zu Glied um den konstanten Wert des Parameters d wachsen (falls $d \neq 0$). d heißt deshalb auch die Differenz der arithmetischen Folge. Dieses Anwachsen von Glied zu Glied um eine konstante Differenz ist ein wichtiges Kennzeichen der arithmetischen Folge.

Um eine Besonderheit der arithmetischen Folge aufzuzeigen, betrachten wir drei aufeinanderfolgende Glieder:

$f(n)$	$f(n+1)$	$f(n+2)$
$a_1 + d(n-1)$	$a_1 + dn$	$a_1 + d(n+1)$

Addieren wir das erste und das letzte dieser drei Glieder, so erhalten wir das Doppelte vom mittleren Glied.

$$\underbrace{a_1 + d(n-1)} + \underbrace{a_1 + d(n+1)} = a_1 + dn - d + a_1 + dn + d$$

$$= 2a_1 + 2dn$$

$$= 2(a_1 + dn)$$

Es gilt also die Beziehung, daß das mittlere Glied die Hälfte der Summe der beiden anderen beträgt:

$$\boldsymbol{f(n+1) = \frac{f(n) + f(n+2)}{2}}$$

In diesem Sinne heißt jede Zahl, die zwischen zwei anderen liegt und die obere Beziehung erfüllt: **arithmetisches Mittel** (der beiden Nachbarzahlen).

Beispiele:

(1) Das arithmetische Mittel m der beiden Zahlen 13 und 25 ist zu bestimmen.

$$m = \frac{13 + 25}{2} = \frac{38}{2} = 19$$

Die drei Zahlen 13, 19, 25 bilden nunmehr eine arithmetische Folge, denn der Zuwachs von Glied zu Glied ist konstant, er beträgt 6. (Naturgemäß ist das die Hälfte der Differenz von 13 und 25.)

(2) Das arithmetische Mittel m der beiden Zahlen z_1 und z_2 ist zu bestimmen.

$$m = \frac{z_1 + z_2}{2}$$

Diese Beziehung kann als Formel zur Bestimmung des arithmetischen Mittels benutzt werden.

(3) Um aus mehr als zwei Zahlen das arithmetische Mittel bestimmen zu können, dehnen wir das Prinzip auf diesen Fall aus: Addition der beteiligten Zahlen und anschließende Division durch ihre Anzahl.

z. B.

$$m = \frac{z_1 + z_2 + z_3}{3}$$

oder allgemein $m = \frac{z_1 + z_2 + z_3 + \ldots + z_n}{n}$

Z a h l e n b e i s p i e l : Bestimmung des arithmetischen Mittels der natürlichen Zahlen 1 bis 6 (Augenzahlen des Würfels).

$$m = \frac{1 + 2 + 3 + 4 + 5 + 6}{6} = \frac{21}{6} = 3{,}5$$

3. Die geometrische Folge

Eine Folge mit der Funktionsgleichung

$$\boxed{a_n = f(n) = a_1 \cdot q^{n-1}}$$

heißt g e o m e t r i s c h e F o l g e. Setzen wir der Reihe nach für n die Werte 1, 2, 3, 4 ... ein, so erhalten wir

$$a_1 \; , \; a_1 \cdot q \; , \; a_1 \cdot q^2 \; , \; a_1 \cdot q^3 \; , \; a_1 \cdot q^4 \; , \; a_1 \cdot q^5 \; , \; \ldots \; , \; a_1 \cdot q^{r-1} \; , \; \ldots$$

Die geometrische Folge hat a_1 und q als Parameter, die für die jeweilige Folge konstante Werte annehmen.

Beispiele:

(1) $a_1 = 1 \; , \quad q = 3$ $\qquad 1 \; , \; 3 \; , \; 9 \; , \; 27 \; , \; 81 \; , \; \ldots$

(2) $a_1 = 5 \; , \quad q = 10$ $\qquad 5 \; , \; 50 \; , \; 500 \; , \; 5\,000, \; \ldots$

(3) $a_1 = 1 \; , \quad q = \frac{1}{2}$ $\qquad 1 \; , \; \frac{1}{2} \; , \; \frac{1}{4} \; , \; \frac{1}{8} \; , \; \frac{1}{16} \; , \; \ldots$

(4) $a_1 = 7 \; , \quad q = -1$ $\qquad 7 \; , \; -7 \; , \; 7 \; , \; -7 \; , \; 7 \; , \; \ldots$

Wir sehen, für alle geometrischen Folgen gilt das B i l d u n g s g e s e t z : Das Anfangsglied a_1 leitet die Folge ein, jedes weitere Glied entsteht durch Multiplikation des ihm vorangehenden mit q.

Dividieren wir also das nachstehende durch das vorangehende Glied, erhalten wir stets q. Deshalb heißt q der Q u o t i e n t der geometrischen Folge.

4. Rechnen mit Summen unter Berücksichtigung des Summenzeichens

a) Das Summenzeichen als Arbeitsanweisung

Häufig tritt in Theorie und Praxis die Anweisung auf, eine *große Anzahl von Zahlen zu summieren.*

Wir setzen voraus, daß diese Zahlen in einer bestimmten abzählbaren Anordnung bzw. Reihenfolge zueinander stehen. Wegen der Abzählbarkeit kann eine tatsächliche oder nur gedachte Numerierung der Summanden vorgenommen werden. Wir wissen somit genau, welches der 1., der 2. bzw. der n^{te} Summand ist (n natürliche Zahl).

Eine Methode der Numerierung besteht in der **Indizierung** der Summanden.

(*) *z. B.* $x_1 + x_2 + x_3 + x_4 + x_5$

(Wir müssen beachten: Darüber hinaus ist der Index ein Unterscheidungsmerkmal).

Wir bemerken, daß die Summe (*) von formaler Regelmäßigkeit ist. Sie beschreibt den Vorgang beim Addieren von fünf Summanden mit einer Rechenmaschine: Zuerst wird der 1. Summand ins Rechenwerk gebracht, dann der 2. usw. bis schließlich der letzte eingegeben worden ist. Diese Eigenschaft von (*) machen wir uns zunutze, um das Summenzeichen Σ einzuführen (Σ großes griechisches S: „Sigma“).

Wir schreiben anstelle von (*)

(**) $$\sum_{i=1}^{5} x_i$$

In (**) sind alle Anweisungen von (*) wiederzufinden.

1. Wir sollen summieren: Σ.
2. Wir sollen dazu indizierte Summanden verwenden: x_i.
3. Wir sollen beim Index 1 anfangen: $i = 1$ (unter dem Σ).
4. Wir sollen die Numerierung (Indizierung) bis 5 laufen lassen und dann aufhören: 5 (über dem Σ).

Demgemäß lesen wir (**):

„Summe x_i von $i = 1$ bis 5“.

Wir sehen, die Schreibweise (**) ist eine Arbeitsanweisung in Kurzform. Besonders bewährt sich das Summenzeichen, wenn die Anzahl der Summanden groß ist.

z. B. $$\sum_{i=1}^{100} a_i = a_1 + a_2 + a_3 + \ldots + a_{99} + a_{100}.$$

(Das Gleichheitszeichen wird hier nicht im Sinne von „ergibt“, sondern als „ist definiert als“ gebraucht.) Eine Summe, geschrieben mit dem Summenzeichen, hat folgende Bestandteile:

1. das **Zeichen Σ**,
2. das **Summationsglied** x_i,
3. die **untere Grenze** für den Summationsindex (steht unter dem Σ),
4. die **obere Grenze** für den Summationsindex (steht über dem Σ).

b) Das Summationsglied

Nach den obigen Ausführungen ist das Summationsglied x_i eine Funktion vom Index i. Der Index i ist also eine unabhängige Variable. Wählen wir aus der Teilmenge der natürlichen Zahlen (begrenzt durch untere und obere Grenze) eine bestimmte Zahl aus, so fixieren wir damit den Wert des zugehörigen Summanden.

Die jeweilige Funktion ergibt sich durch das betreffende Problem.

Wir unterscheiden zwei Arten: die empirische und die analytische Funktion.

Die **empirische Funktion** (meist aus Beobachtungen stammend) gibt die Funktionswerte in einer Tabelle wieder.

Zum Beispiel:

i (laufende Nr.)	x_i (Summanden, z. B. Umsatz in DM)
1	3,50
2	18,31
3	6,79
4	15,85
5	38,40

(Da die Funktion nur für natürliche Zahlen erklärt ist, kann die Spalte i auch weggelassen werden, falls die untere Grenze 1 ist.) Wir entnehmen dann der Tabelle den jeweiligen Summanden. Die Anweisung, alle Summanden zu addieren, schreiben wir mit Summensymbol

$$\sum_{i=1}^{5} x_i = 82{,}85.$$

(82,85 ist die „ausgerechnete“ Summe.)

Die **analytische Funktion** hält für das Summationsglied eine *Funktionsgleichung* bereit,

z. B. (1.) $$x_i = i^2.$$

Mit der Ausweisung

$$\sum_{i=1}^{100} i^2$$

sollen die folgenden Quadratzahlen summiert werden:

$$1^2 + 2^2 + 3^2 + 4^2 + \ldots + 99^2 + 100^2.$$

Wir müssen also für i der Reihe nach, beginnend bei 1, endend bei 100, alle natürlichen Zahlen einsetzen. Mit dieser und den folgenden beiden Summen beschäftigen wir uns noch.

(2.) Ähnlich wie bei (1) kann die Summe der hundert ersten *Kubikzahlen* geschrieben werden

$$\sum_{i=1}^{100} i^3$$

(3.) Die Summe der 20 ersten *geraden* Zahlen schreiben wir

$$\sum_{i=1}^{20} 2i$$

c) Der Summationsindex

Wir wollen zunächst zusammenfassen, was wir bereits vom Summationsindex wissen:

1. Der Summationsindex ist eine natürliche Zahl.
2. Beim „Abarbeiten“ der Summe durchläuft er alle natürlichen Zahlen, beginnend mit der unteren, endend mit der oberen Grenze.

3. Das Summationsglied ist eine Funktion des Summationsindex. Liegt eine analytische Funktion vor, wird der Wert des Index in die Funktionsgleichung eingesetzt, um den zugehörigen Summanden zu erhalten. Haben wir eine empirische Funktion (Tabelle), so ist der Index gleichbedeutend mit der laufenden Nummer.

Diese Vorstellungen erweitern wir insofern, daß wir für gewisse Formeln den Wert der oberen Grenze offenlassen. Wir wählen meist dann für die obere Grenze als allgemeine Zahl den Buchstaben n. n ist dann der dem betreffenden Problem zugeordnete letzte Index.

Zum Beispiel wird für das arithmetische Mittel $\bar{x}$ von n Zahlen x_i folgende Formel benutzt:

$$\bar{x} = \frac{1}{n} \cdot \sum_{i=1}^{n} x_i$$

Für das obigen Zahlenbeispiel ergibt sich somit:

$$\bar{x} = \frac{1}{5} \cdot \sum_{i=1}^{5} x_i = \frac{1}{5} \cdot 82{,}85 = 18{,}57.$$

d) Konstantes Summationsglied

Hat das Summationsglied unabhängig vom Summationsindex durchweg denselben Wert a, so folgt

$$\sum_{i=1}^{n} a = na \tag{1}$$

Denn wir haben n Summanden, und jeder beträgt a.

z. B. $$\sum_{i=1}^{10} 5 = 50$$

e) Konstanter Faktor im Summationsglied

Können wir von jedem Summanden denselben Faktor a abspalten, so darf dieser Faktor ausgeklammert werden:

$$ax_1 + ax_2 + ax_3 + \ldots + ax_n = a\,(x_1 + x_2 + x_3 + \ldots + x_n).$$

Mithin kommen wir zu folgendem Zusammenhang:

(2)
$$\sum_{i=1}^{n} ax_i = a \sum_{i=1}^{n} x_i$$

z. B.
$$\sum_{i=1}^{n} 2x_i = 2 \sum_{i=1}^{n} x_i$$

f) Summationsglied als Summe

Zerlegen wir jeden Summanden in eine Summe, so können wir umordnen:

$$x_i = a_i + b_i.$$

$$x_1 + x_2 + x_3 + \ldots + x_n =$$
$$a_1 + b_1 + a_2 + b_2 + a_3 + b_3 + \ldots + a_n + b_n =$$
$$(a_1 + a_2 + \ldots + a_n) + (b_1 + b_2 + b_3 + \ldots + b_n).$$

Es folgt die Formel:

(3)
$$\sum_{i=1}^{n} (a_i + b_i) = \sum_{i=1}^{n} a_i + \sum_{i=1}^{n} b_i$$

z. B.
$$\sum_{i=1}^{n} (i^2 + i) = \sum_{i=1}^{n} i^2 + \sum_{i=1}^{n} i$$

g) Potenzsummen

Für die Theorie der Integralrechnung, die sich u. a. mit Summen aus unendlich vielen Summanden beschäftigt, ist die Umrechnung von sog. P o t e n z s u m m e n mit der Bauart

$$\sum_{i=1}^{n} i^k$$ (k natürliche Zahl)
(k konstant für die jeweilige Summe)

von Bedeutung.

h) Das Subtraktionsverfahren (nach Gauß)

Vergleichen wir z. B. die beiden Summen

$$\sum_{i=1}^{n} i^2 \quad \text{und} \sum_{i=1}^{n} (i-1)^2,$$

so fällt uns auf, daß sie bis auf einen Summanden übereinstimmen. Durch Subtraktion fallen diese Glieder fort.

$$\begin{array}{r} 1^2 + 2^2 + 3^2 + \ldots + (n-1)^2 + n^2 \\ -(0^2 + 1^2 + 2^2 + \ldots + (n-2)^2 + (n-1)^2) \\ \hline n^2 \end{array}$$

Es gilt also

$$\sum_{i=1}^{n} i^2 - \sum_{i=1}^{n} (i-1)^2 = n^2$$

Die linke Seite läßt sich nach Anwendung der Binomischen Formel $(a-b)^2$ und der obigen Formel (3) umformen:

$$\sum_{i=1}^{n} \left[i^2 - (i^2-2i+1)\right] = \sum_{i=1}^{n} (2i-1) \, .$$

Wir erhalten so die Summe der ersten n „ungeraden" Zahlen:

(4) $$\boxed{\sum_{i=1}^{n} (2i-1) = n^2}$$

Anstatt n mal zu summieren, brauchen wir also nur einmal zu quadrieren.

z. B. $$1 + 3 + 5 + 7 + 9 = 5^2 = 25$$

i) Die Summe der natürlichen Zahlen

Wir benutzen Formel (4) als Keimzelle für weitere Betrachtungen.

$$\sum_{i=1}^{n}(2i-1) = \sum_{i=1}^{n} 2i - \sum_{i=1}^{n} 1 \qquad \text{nach (3)}$$

$$= \sum_{i=1}^{n} 2i - n \qquad \text{nach (1)}$$

$$= 2\cdot\sum_{i=1}^{n} i-n \qquad \text{nach (2)}$$

Mithin ist

$$2\sum_{i=1}^{n} i - n = n^2 \qquad \text{siehe (4)}$$

Daraus folgt als Summe der natürlichen Zahlen

(5)
$$\boxed{\sum_{i=1}^{n} i = \frac{1}{2}n\,(n+1)}$$

z. B. $= 1 + 2 + 3 + \ldots + 100 = \frac{1}{2} \cdot 100 \cdot 101 = 5050$

j) Die Summe der Quadratzahlen

Wir gehen ähnlich hier vor.

1. $$\sum_{i=1}^{n} i^3 - \sum_{i=1}^{n}(i-1)^3 = n^3$$

2. $$\sum_{i=1}^{n} i^3 - \sum_{i=1}^{n}(i-1)^3 = \sum_{i=1}^{n}\left[i^3-(i-1)^3\right]$$

$$= \sum_{i=1}^{n}\left[i^3-(i^3-3i^2+3i-1)\right]$$

$$= \sum_{i=1}^{n} 3i^2 - \sum_{i=1}^{n} 3i + \sum_{i=1}^{n} 1$$

$$= 3\sum_{i=1}^{n} i^2 - 3\sum_{i=1}^{n} i + n .$$

Aus 1. und 2. folgt unter Beachtung von (5):

$$n^3 = 3\sum_{i=1}^{n} i^2 - \frac{3}{2}n\,(n+1) + n$$

$$3\sum_{i=1}^{n} i^2 = n^3 + \frac{3}{2}n\,(n+1) - n$$

$$\sum_{i=1}^{n} i^2 = \frac{1}{3}\,(n^3 + \frac{3}{2}n^2 + \frac{3}{2}n - n)$$

(6) $$\boxed{\sum_{i=1}^{n} i^2 = \frac{1}{6}\,n\,(n+1)\cdot(2n+1)}$$

Schlußbemerkung

Analog lassen sich für die Summen der höheren Potenzen Umrechnungen finden, die die betreffenden Summen in einfach zu handhabende Funktionen von n verwandeln.

Übungen

1. Gegeben ist die Tabelle

i	x_i
1	2
2	7
3	8
4	9
5	4

Berechnen Sie a) $\sum_{i=1}^{5} x_i$ b) $\sum_{i=3}^{4} x_i$ c) $\sum_{i=1}^{4} x_i$

2. Wie groß ist $\overline{x}$, falls sämtliche x_i der Tabelle aus Aufgabe 1 berücksichtigt werden?

3. Was ergibt $\sum_{i=1}^{10} 4$?

4. Berechnen Sie $\sum_{i=1}^{n} 2i$, falls n = 100!

5. Was ergibt $\sum_{i=1}^{n} (i^2+2i)$, falls n = 12?

6. Finden Sie eine Funktion von n für die Potenzsumme $\sum_{i=1}^{n} i^3$!

L ö s u n g e n zu VI. 4

1a) 30; 1b) 17; 1c) 26; 2) 6; 3) 400

4) 10 100

5) 806

6) $$\sum_{i=1}^{n} i^3 = \frac{1}{4} n^2 (n+1)^2$$

5. Arithmetische und geometrische Reihen und ihre Summenformeln

Verknüpfen wir die einzelnen Folgeglieder durch Addition, so erhalten wir eine Summe, deren Summanden die einzelnen Folgeglieder sind. Eine derartig aus einer Folge gebildeten Summe heißt R e i h e. Falls die Summanden die Glieder einer arithmetischen bzw. geometrischen Folge sind, sprechen wir von einer a r i t h m e t i s c h e n bzw. g e o m e t r i s c h e n R e i h e.

(1) Arithmetische Folge: 2, 5, 8, 11, 14
arithmetische Reihe: 2 + 5 + 8 + 11 + 14

(2) Geometrische Folge: 1, 2, 4, 8, 16, 32
geometrische Reihe: 1 + 2 + 4 + 8 + 16 + 32

Da die Addition eine Anweisung darstellt, muß jetzt der betreffende Wert einer solchen Summe bestimmt werden. Natürlich läßt sich die Addition von Glied zu Glied vornehmen. Falls aber die Gliedanzahl sehr groß sein sollte, ist dieses Vorgehen sehr zeitraubend. Die Gesetzmäßigkeit, der die einzelnen Summanden als Folgeglieder unterliegen, führt in vielen Fällen dazu, daß wir ein abkürzendes Verfahren finden.

a) Summenformel der arithmetischen Reihe

Besteht eine arithmetische Reihe aus r Gliedern, können wir schreiben:

$$\sum_{i=1}^{r} a_i = a_1 + \underbrace{a_1 + d}_{= a_2} + \underbrace{a_1 + 2\,d}_{= a_3} + \ldots + \underbrace{a_1 + (r-1)\,d}_{= a_r}$$

Die Addition läßt sich stets abkürzend zur Multiplikation umformen, wenn alle Summanden gleich groß sind. Diese Eigenschaft ist offensichtlich für die vorliegende Summe nicht erfüllt. Wenn wir jedoch Paare bilden, indem wir das 1. und das letzte (r-te), das 2. und das vorletzte (Gliednummer r-1), das 3. und dasjenige mit der Gliednummer r-2 (usw.) addieren, erhalten wir jedesmal dieselbe Zahl

$$\begin{array}{lllll}
a_1 + a_r & = & a_1 + a_1 + (r-1)\,d & = & 2\,a_1 + (r-1)\,d \\
a_2 + a_{r-1} & = & a_1 + d + a_1 + (r-2)\,d & = & 2\,a_1 + (r-1)\,d \\
a_3 + a_{r-2} & = & a_1 + 2d + a_1 + (r-3)\,d & = & 2\,a_1 + (r-1)\,d \\
\vdots & & \vdots & & \vdots \\
a_{r-1} + a_2 & = & a_1 + (r-2)d + a_1 + d & = & 2\,a_1 + (r-1)\,d \\
a_r + a_1 & = & a_1 + (r-1)d + a_1 & = & 2\,a_1 + (r-1)\,d
\end{array}$$

Wenn wir jedes Glied zweimal verwenden, erhalten wir r gleiche Summanden der Größe $2a_1 + (r - 1)\,d$. Mithin ergibt sich das Doppelte der zu betrachtenden Summe als Produkt

$$2 \sum_{i=1}^{r} a_i = r \cdot \left[2\,a_1 + (r-1)\,d\right]$$

Also erhalten wir für die Summe die Beziehung:

Summenformel der arithmetischen Reihe

$$\sum_{i=1}^{r} a_i = \sum_{i=1}^{r} \left[a_1 + (i-1) \cdot d\right] = \frac{r}{2} \left[2\,a_1 + (r-1)\,d\right]$$

oder, falls wir anstelle von d das „Endglied“ a_r als Parameter benutzen:

Summenformel der arithmetischen Reihe

$$\sum_{i=1}^{r} a_i = \sum_{i=1}^{r} \left[a_1 + (i-1)\,d\right] = \frac{r}{2} \left(a_1 + a_r\right)$$

Beispiele:

(1) $a_1 = 8$, $d = 10$, $1 \leqq n \leqq 35 = r$

(siehe Beispiel (2) von Seite 111)

$8 + 18 + 28 + 38 + 48 + \dots + 348$

1. Weg (Formel 1) $\frac{35}{2} \left[2 \cdot 8 + 34 \cdot 10 \right] = 35 \cdot \left[8 + 17 \cdot 10 \right]$

$= 35 \cdot 178 = 6230$

2. Weg (Formel 2) $\frac{35}{2} (8 + 348) = 35 (4 + 174)$ weiter s.o.

(2) $a_1 = 1$, $d = 1$, $r = 100$

$$\sum_{i=1}^{100} a_i = \sum_{i=1}^{100} i = 1 + 2 + 3 + \dots + 100$$

(Summe der natürlichen Zahlen von 1 bis 100)

$$\sum_{i=1}^{100} i = \frac{100}{2} (1 + 100) = 50 \cdot 101 = 5050$$

(3) $a_1 = 1$, $d = 1$, (r soll anonym bleiben)

$$\boxed{\sum_{i=1}^{r} i = \frac{1}{2} r (r + 1)}$$

Summe aller natürlichen Zahlen n von 1 bis r
$(1 \leqq n \leqq r)$

b) Summenformel der geometrischen Reihe

Bei der geometrischen Reihe können wir die meisten Summanden durch folgendes Verfahren wegsubtrahieren:

$$(*) \quad \sum_{i=1}^{r} a_i = a_1 + a_1 q + a_1 q^2 + \dots + a_1 q^{r-1}$$

Diese Gleichung multiplizieren wir mit q.

$$q \cdot \left(\sum_{i=1}^{r} a_i \right) = a_1 q + a_1 q^2 + a_1 q^3 + \ldots + a_1 q^r .$$

Wenn wir jetzt von der Gleichung (**) die Gleichung (*) subtrahieren, fallen die Glieder $a_1q, a_1q^2, \ldots, a_1q^{r-1}$ weg.

Wir erhalten

$$q \cdot \left(\sum_{i=1}^{r} a_i \right) - \sum_{i=1}^{r} a_i = a_1 q^r - a_1 .$$

Wir klammern auf beiden Seiten aus

$$(q - 1) \cdot \sum_{i=1}^{r} a_i = a_1 (q^r - 1) .$$

Setzen wir voraus, daß $q \neq 1$, können wir durch $q - 1$ dividieren. Es ergibt sich also

Summenformel der geometrischen Reihe

$$\sum_{i=1}^{r} a_i = \sum_{i=1}^{r} a_1 q^{i-1} = a_1 \cdot \frac{q^r - 1}{q - 1}$$

Beispiele:

$a_1 = 3 , \quad q = 2 , \quad r = 10$

$3 + 3 \cdot 2 + 3 \cdot 2^2 + 3 \cdot 2^3 + 3 \cdot 2^4 + \ldots + 3 \cdot 2^9$

$= 3 \cdot \frac{2^{10} - 1}{2 - 1} = 3 \cdot \frac{1024 - 1}{1} = 3 \cdot 1023 = \underline{\underline{3.069}}$

(2) $a_1 = 10 , \quad q = 0{,}1 , \quad r = 7$

$10 + 1 + 0{,}1 + 0{,}01 + 0{,}001 + 0{,}0001 + 0{,}00001$

$= 11{,}111 . 11$ (nach sofortiger Addition)

$= 10 \cdot \frac{0{,}1^7 - 1}{- 0{,}9}$ (nach der Formel)

$= 10 \cdot \frac{0{,}000.0001-1}{- 0{,}9} = 10 \cdot \frac{- 0{,}999.999.9}{- 0{,}9} = 11{,}111.11$

6. Der Grenzwert

Nachdem wir in den vorstehenden Abschnitten die Gliednummer n nur bis zu einer „letzten“ Zahl r anwachsen ließen, wollen wir diese Einschränkung jetzt aufgeben. Nunmehr soll n unbegrenzt wachsen. Bei diesem Vorgang beobachten wir das Verhalten der Folgeglieder. Für uns lautet also die Fragestellung dieses Abschnittes:

> *Welchen Einfluß übt das unbegrenzte Anwachsen der Gliednummer auf die Größe der Glieder aus?*

Betrachten wir einige charakteristische Beispiele.

(1) 2, 4, 6, 8, 10, ... $a_n = 2n$

Wird n sehr groß, so werden die Glieder ebenfalls sehr groß (doppelt so groß!). Diese beobachtete Tendenz wird symbolhaft wir folgt ausgedrückt:

$$a_n \to \infty, \text{ falls } n \to \infty$$

(Wir lesen: „a_n geht gegen unendlich“, falls „n gegen unendlich“ geht). Das Zeichen ∞ (auch in der Fotografie gebräuchlich) versinnbildlicht hier zusammen mit dem Pfeil das unbegrenzte Anwachsen.

(2) $\frac{1}{2}, \frac{2}{3}, \frac{3}{4}, \frac{4}{5}, \ldots.$ $a_n = \frac{n}{n+1}$

Wächst n, so wird zwar a_n ebenfalls größer, kann aber nie so groß werden wie irgendein Folgeglied des Beispiels (1). Die Folgeglieder geraten mit wachsendem n in immer engere „Nachbarschaft“ zur Zahl 1. *Die Differenz zwischen den Folgegliedern und dieser Zahl 1 nimmt mit wachsendem n immer mehr ab und nähert sich der Null,* so daß sie von einem gewissen (problembedingten) n an für die praktische Rechnung zu vernachlässigen ist. Diese Tendenz drücken wir wiederum symbolisch (siehe Beispiel 1) aus.

$$a_n \to 1, \quad \text{falls } n \to \infty$$

Eine Zahl, die einer Folge auf diese Weise zugeordnet ist, nennen wir den **Grenzwert der Folge**. Die vorliegende Folge

$\frac{1}{2}, \frac{2}{3}, \frac{3}{4}, \frac{4}{5}, \ldots$ hat also den Grenzwert 1.

Eine andere Schreibart für den vorliegenden Sachverhalt benutzt das lateinische Wort limes (Grenze).

$$\lim_{n \to \infty} a_n = 1$$

(Wir lesen: „Der Limes von a_n für n gegen ∞ ist 1“.)

(3) 0,3; 0,33; 0,333; 0,3333; ... $a_n = \frac{1 - 0{,}1^n}{3}$

Wir kennen diese Folge als „periodischen Dezimalbruch" $0,\bar{3}$ ... Der Zugehörige Grenzwert ist uns ebenfalls vertraut, je öfter wir die „Periode" 3 „anhängen", desto mehr nähern wir uns der Zahl $\frac{1}{3}$. Es gilt also hier

$$a_n \to \frac{1}{3} \quad \text{für} \quad n \to \infty \qquad \text{bzw.} \lim_{n\to\infty} a_n = \frac{1}{3}$$

(4) $1, \frac{1}{2}, \frac{1}{3}, \frac{1}{4}, \frac{1}{5}, \ldots \qquad a_n = \frac{1}{n}$

Die Folgeglieder nähern sich immer mehr der Null.

$$a_n \to 0 \quad \text{für } n \to \infty$$

$$\text{bzw.} \lim_{n\to\infty} a_n = 0$$

Fassen wir zusammen:

Bei Beispiel (1) war kein Grenzwert festzustellen, die Folgeglieder wuchsen über alle Grenzen, sie wurden unendlich groß. Besitzt eine Folge **keinen** Grenzwert, sprechen wir von einer **divergenten Folge**.

Bei den Beispielen (2), (3) und (4) ließ sich der Grenzwert ablesen. Eine Folge, die einen Grenzwert hat, heißt **konvergente Folge**.

Die konvergenten Folgen sind diejenigen unendlichen Folgen, die wir für unsere späteren Betrachtungen als Hilfsmittel heranziehen. Zunächst beschäftigen wir uns mit Folgen, die Null als Grenzwert haben, sie heißen **Nullfolgen**. [Siehe oben Beispiel (4)].

Weitere Beispiele:

(5) $1, \frac{1}{2}, \frac{1}{4}, \frac{1}{8}, \frac{1}{16}, \ldots \qquad a_n = \left(\frac{1}{2}\right)^{n-1}$

(Es handelt sich um eine geometrische Folge.)

Die Annäherung an die Null kann hierbei graphisch dargestellt werden: Wir bewegen uns auf dem Zahlenstrahl, Start bei 1, Ziel bei 0. Jeder Annäherungsschritt wird so vollzogen, daß der Entfernungsrest halbiert wird.

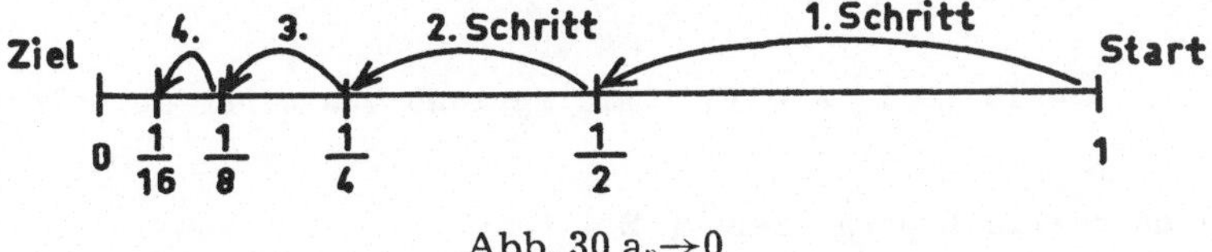

Abb. 30 $a_n \to 0$

Wir sehen, daß wir mit wachsender Schrittzahl immer näher an die Null herankommen.

(6) $- 10 ; - 1 ; - 0{,}1 ; - 0{,}01 ; - 0{,}001 ; \ldots \quad a_n = - 10 \cdot 0{,}1^{n-1}$

Diese geometrische Folge nähert sich von der negativen Seite her der Null.

(7) $+ 8 ; - 0{,}4 ; + 0{,}02 ; - 0{,}001 ; \ldots \quad a_n = 8 \cdot (- 0{,}05)^{n-1}$

Diese „alternierende“ geometrische Folge „pendelt“ sich auf die Null ein.

Mit Hilfe der Nullfolge können wir definieren, was wir unter einer konvergenten Folge mit dem Grenzwert a verstehen [vgl. Ausführungen zum Beispiel (2)]:

Eine Folge $a_1, a_2, a_3, a_4, \ldots$ heißt konvergent mit dem Grenzwert a, wenn die Folge

$a_1 - a, a_2 - a, a_3 - a, a_4 - a, \ldots$ eine Nullfolge bildet.

In dieser Definition sprechen wir den Sachverhalt aus, daß sich die Differenz zwischen Folgeglied und Grenzwert mit wachsendem n immer mehr der Null nähert und ihr schließlich beliebig nahe kommt.

Lösungen zu den Übungen V. 7

I. (1) $x_1 = 10 ; x_2 = - 10$

(2) keine reelle Lösung (Radikand ist negativ)

(3) $x_1 = 0 ; x_2 = - 25$

(4) $x_1 = 0 ; x_2 = 0{,}1$

(5) $x_{1/2} = \pm \sqrt{2}$

(6) $x_1 = - 10, x_2 = - 20$

(7) $x_{1/2} = - 15 \pm \sqrt{3}; x_1 \approx - 13{,}3; x_2 \approx - 16{,}7$

(8) $x_1 = - 15 ; x_2 = - 15$ (man spricht von einer doppelten Lösung)

(9) keine reelle Lösung siehe (2)

(10) $x_1 = 10 , x_2 = 20$

(11) $x_1 = 35$, $x_2 = -5$

(12) $x_1 = -1$, $x_2 = -9$

(13) $x_1 = 0$, $x_2 = -3$

(14) $x_1 = 1$, $x_2 = -4$

(15) keine Lösung

(16) $x_1 = -1$, $x_2 = -1$ (siehe (8))

(Gleichung mit x multiplizieren)

II. Die Wurzel der Lösungsformel $\sqrt{(\frac{p}{2})^2 - q}$ ist nur reell, falls der Radikand nicht negativ ist, d. h.

$$\sqrt{(\tfrac{p}{2})^2 - q} \geqq 0$$

$$(\tfrac{p}{2})^2 - q \geqq 0 \quad \text{oder}$$

$$\frac{p^2}{4} - q \geqq 0 \quad \text{oder}$$

$$\frac{p^2}{4} \geqq q \quad \text{oder}$$

$$p^2 \geqq 4q$$

III. (17) $x_1 = -1$, $x_2 = 2$

(18) $x_1 = 0$, $x_2 = 4$, $x_3 = 10$

(19) $x_1 = 0$, $x_2 = 5$, $x_3 = -5$

(20) $x_1 = 0$, $x_2 = 0$, $x_3 = 0$ (dreifache Lösung)

$x_4 = -10$

(21) $x_1 = 0$, $x_2 = -2$, $x_3 = -3$

7. Die Nullfolge als Hilfsmittel zur Grenzwertbestimmung

Mitunter ist es schwer zu sehen, ob eine Folge konvergiert und welchem Grenzwert sie dann zustrebt. Wir wollen hier nur den einfachsten Weg besprechen, den Grenzwert zu finden. Für diese Methode müssen wir die Folgefunktion $a_n = f(n)$ kennen. Betrachten wir einige B e i s p i e l e :

(1) $$a_n = \frac{3n + 1}{n}$$

Ist n sehr groß, so spielt die 1 im Zähler eine untergeordnete Rolle.

$$a_{1000} = \frac{3001}{3000} \approx 3$$

Vernachlässigen wir diese 1, so können wir kürzen und erhalten den Grenzwert 3. Bei diesem Vorgehen haben wir zuerst „vernachlässigt“ und dann gekürzt. Besser ist es, diese Schritte zu vertauschen. Wir formen also a_n durch Kürzen algebraisch um:

$$a_n = 3 + \frac{1}{n} .$$

Der Grenzwert ist abzulesen, denn $\frac{1}{n}$ bildet eine Nullfolge

$$a_n - 3 = \frac{1}{n} ,$$

Nach der obenstehenden Definition ist 3 der Grenzwert.

(2) $$a_n = \frac{700\,n - 488}{n} \quad \text{(wird durch n gekürzt)}$$
$$= 700 + \frac{488}{n}$$

Auch hier ist der Grenzwert ablesbar

$$\lim_{n \to \infty} a_n = 700$$

Der „Rest“ $\frac{488}{n}$ bildet wiederum eine Nullfolge. Der Zähler 488 wird bald vom wachsenden n überrundet, so daß der Wert des Bruches sich immer mehr verkleinert.

(3) $$a_n = \frac{2n^2 - 3n + 4}{n^2} \quad \text{(durch } n^2 \text{ kürzen)}$$
$$= 2 - \frac{3}{n} + \frac{4}{n^2} = 2 - 3 \cdot \frac{1}{n} + 4 \cdot \frac{1}{n} \cdot \frac{1}{n}$$

$$\lim_{n \to \infty} a_n = 2$$

Denn $-\frac{3}{n}$ und $\frac{4}{n^2}$ sind Nullfolgen. Von einem gewissen (problembedingten) n können wir diese beiden Summanden vernachlässigen.

(4) $$a_n = \frac{2n^2 + 3n + 4}{n} = 2n + 3 + \frac{4}{n}$$

Wir sehen, der letzte Summand $\frac{4}{n}$ ist für großes n zu vernachlässigen. Dagegen wächst 2 n mit n über alle Grenzen.

$a_n \to \infty$ für $n \to \infty$ Es handelt sich um eine divergente Folge.

> Zusammenfassung
>
> Bei den Beispielen (1)—(4) konnten wir eine Aussage über den Grenzwert dadurch treffen, weil wir sie auf rechnerische Verknüpfungen mit der Nullfolge $\frac{1}{n}$ zurückgeführt haben. Da dieses Vorgehen sich als praktisch erwiesen hat, benutzen wir es als Methode, um den Grenzwert zu finden. (Diese Methode funktioniert leider nicht für alle Fälle.)

Zwei weitere Beispiele:

(5) $$a_n = \frac{2n}{3n - 1}$$

Kürzen durch n (Zähler und Nenner durch n dividieren)

$$a_n = \frac{2}{3 - \frac{1}{n}} \qquad \lim_{n \to \infty} a_n = \frac{2}{3}$$

(6) $$a_n = \frac{6n^2 - 7}{5n^2 - 3n + 1}$$ (kürzen durch n^2)

$$a_n = \frac{6 - \frac{7}{n^2}}{5 - \frac{3}{n} + \frac{1}{n^2}} \qquad \lim_{n \to \infty} a_n = \frac{6}{5}$$

Schlußbemerkung: Es darf nicht so weit gekürzt werden, daß der gesamte Nenner eine Nullfolge ist.

8. Unendliche geometrische Folgen und Reihen

In Abschnitt VI 3. hatten wir die Funktionsgleichung der geometrischen Folge aufgestellt.

$$a_n = a_1 q^{n-1}$$

Die Konvergenz bzw. Divergenz dieser Folge hängt von q ab. Wenn wir q zwischen + 1 und — 1 wählen, haben wir es mit einer Nullfolge zu tun:

$$\lim_{n \to \infty} a_1 q^{n-1} = 0 \quad \text{falls } |q| < 1$$

($|q|$ wird gelesen: „q absolut", bzw. „Betrag von q". Gemeint ist: q, abgesehen vom Vorzeichen. $|-3| = 3$; $|3| = 3$)

Beispiele:

(1) 1 ; 0,1 ; 0,01 ; 0,001 ; q = + 0,1

(2) 1 ; — 0,1 ; 0,01 ; — 0,001 ; q = — 0,1

Im Abschnitt VI. 5. b. hatten wir die Summenformel der geometrischen Reihe gebildet. Mit Hilfe dieser Formel stellen wir jetzt eine Folge zusammen, die Folge der Partialsummen der geometrischen Reihe.

$$s_1 = a_1 \qquad s_2 = a_1 + a_1 q$$

$$s_3 = a_1 + a_1 q + a_1 q^2 \qquad s_n = a_1 + a_1 q + a_1 q^2 + \dots + a_1 q^{n-1}$$

(*)
$$s_n = a_1 \frac{q^n - 1}{q - 1} = a_1 \frac{1 - q^n}{1 - q} = \frac{a_1}{1 - q} - \frac{a_1 q^n}{1 - q}$$

Die Folge $s_1, s_2, s_3, s_4, \dots$ hat also das Gesetz (*). Darin ist (falls $|q| < 1$) die Nullfolge q^n verschachtelt. Nach den Überlegungen des vorigen Abschnittes können wir den Grenzwert s ermitteln.

$$s = \lim_{n \to \infty} s_n = \frac{a_1}{1 - q} \quad \text{falls } |q| < 1$$

Der Grenzwert s heißt Summe der unendlichen geometrischen Reihe. Hier haben wir den Fall vor uns, daß eine Summe aus unendlich vielen Summanden einen endlichen Wert hat. Wir sprechen auch hier von Konvergenz.

Die unendliche geometrische Reihe konvergiert also dann (und nur dann), wenn $|q| < 1$.

Beispiele:

(3) $4 + \frac{4}{3} + \frac{4}{9} + \frac{4}{27} + \frac{4}{81} + \dots$

$$a_1 = 4; \; q = \frac{1}{3}$$

$$s = \frac{4}{1 - \frac{1}{3}} = \frac{4}{\frac{2}{3}} = 6$$

(4) $4 - \frac{4}{3} + \frac{4}{9} - \frac{4}{27} + \frac{4}{81} \; ....$

$a_1 = 4 \; ; \quad q = -\frac{1}{3}$ (alternierendes Vorzeichen)

$$s = \frac{4}{1 + \frac{1}{3}} = \frac{4}{\frac{4}{3}} = 3$$

Umwandlung von periodischen Dezimalbrüchen

(5) $0,\overline{7} \ldots = 0,7 + 0,07 + 0,007 + \ldots$

$a_1 = 0,7 \; ; \quad q = 0,1$

$$s = \frac{0,7}{0,9} = \frac{7}{9}$$

(6) $0,\overline{07} \ldots = 0,07 + 0,00\,07 + 0,00\,00\,07 + \ldots$

$a_1 = 0,07 \; ; \; q = 0,01$

$$s = \frac{0,07}{0,99} = \frac{7}{99}$$

(7) $0,5\overline{7} \ldots = 0,5 + \underbrace{0,07 + 0,007 + 0,007 + \ldots}$

$a_1 = 0,07 \; ; \; q = 0,1$

$$s = 0,5 + \frac{0,07}{0,9} = \frac{5}{10} + \frac{7}{90} = \frac{45 + 7}{90} = \frac{52}{90} = \frac{26}{45}$$

Zum Abschluß dieses Kapitels vergegenwärtigen wir uns:
Von unendlichen arithmetischen Folgen bzw. Reihen zu sprechen ist sinnlos, denn beide divergieren. Wir erkennen diesen Sachverhalt an den zugehörigen Funktionen, sie wachsen im selben Sinne wie n. (Bei der „entarteten" arithmetischen Folge mit $d = 0$ sprechen wir ebenfalls von Konvergenz: Alle Glieder sind gleich a_1. Als Grenzwert verwenden wir hier a_1.)

9. Grenzwert von Funktionen

Wir hatten eine Folge als eine Funktion aufgefaßt, die nur für natürliche Zahlen definiert war.

$$\text{z.B. } a_n = f(n) = \frac{n - 1}{n + 1}$$

Wenn wir vom Grenzwert der Folge sprachen, mußten wir für n immer größere natürliche Zahlen wählen: $n \to \infty$. Wir gehen jetzt zu Funktionen über, deren Definitionsmengen sich nicht mehr nur aus natürlichen Zahlen zusammensetzen. Es ist üblich, die jeweiligen Definitionsmengen als Intervalle (lat. Zwischenraum) anzugeben.

Beispiele für Definitionsmengen in Intervallschreibweise:

(1) $y = \sqrt{x}$ $\quad 0 \leqq x < \infty$ (Negative Radikanden sind ausgeschlossen)

(2) $y = \frac{1}{x-1}$ $\quad -\infty < x < 1; \quad 1 < x < \infty$
$x = 1$ ist ausgeschlossen (Div. durch Null)

(3) $y = \frac{1}{\sqrt{1-x}}$ $\quad -\infty < x < 1$
$x = 1$ siehe (2); $x > 1$ siehe (1)

(4) $y = \sqrt{1-x^2}$ $\quad -1 \leqq x \leqq 1$ bzw. $|x| \leqq 1$; alle übrigen x siehe (1)

Jedes Intervall $a < x < b$ hat zwei Randwerte, nämlich a sowie b. Ein Rand kann mit zum Intervall gehören, dann verwenden wir das Zeichen $\leqq$ (gelesen „kleiner oder gleich"), siehe linker Rand 0 Beispiel (1) sowie beide Randwerte Beispiel (4). Gehört der Rand nicht zum Intervall (wir gebrauchen das Zeichen „kleiner als" $<$), können wir den Randwert als x-Wert der betreffenden Funktion nicht verwenden. Müssen wir einen nicht zum Intervall gehörenden Rand mit einbeziehen, so stellen wir eine Folge von zum Intervall gehörenden x-Werten auf, die den Randwert als Grenzwert besitzt.

Als innere Werte des Intervalls bezeichnen wir diejenigen Werte, die nicht Randwerte sind. Wir stellen uns das Intervall am besten geometrisch vor. Es ist nach dieser Auffassung ein Abschnitt der x-Achse (bzw. im Fall $-\infty < x < \infty$ die ganze x-Achse). Jeder Punkt dieses Abschnittes entspricht einem x-Wert. Somit sind für x nicht nur natürliche Zahlen, sondern reelle Zahlen zugelassen. (Wir erinnern uns, damit sind alle Brüche, Wurzeln, Logarithmen usw. als x-Werte möglich.)

Ausführliches Beispiel:

(5) $y = f(x) = \frac{x-1}{x+1}$; wobei

x eine beliebige (reelle) Zahl sein soll; $x \neq -1$.

Der Graph dieser Funktion hat also zu jedem Punkt der x-Achse einen Kurvenpunkt (mit Ausnahme von $x = -1$). Die Definitionsmenge x besteht aus zwei Intervallen:

$$-\infty < x < -1 \text{ und } -1 < x < \infty$$

Jedes dieser beiden Intervalle hat zwei Randwerte, die nicht zum Intervall gehören. Wir können diese Werte nicht zur Ermittlung von y-Werten benutzen. Es läßt sich aber die Frage stellen: *Welche Tendenz besteht bei den y-Werten, wenn wir uns mit den x-Werten diesen Rändern des Definitionsbereiches nähern?* Wir lassen x also innere Werte des Intervalls durchlaufen, die gegen einen Randwert streben. Gehen wir jetzt die vier Randwerte unseres Beispiels der Reihe nach durch.

① $x \to \infty$

Die bei diesem Vorgang von x zu durchlaufenden Werte brauchen im Gegensatz zu dem entsprechenden Grenzprozeß bei Folgen keineswegs nur natürliche Zahlen zu sein. Sie müssen aber hier dem Intervall $-1 < x < \infty$ entstammen.

$$\lim_{x \to \infty} \frac{x - 1}{x + 1} = 1$$

Die Ermittlung dieses Grenzwertes gelingt uns wieder durch Umrechnen der Funktion (Kürzen durch x).

$$y = \frac{x - 1}{x + 1} = \frac{1 - \frac{1}{x}}{1 + \frac{1}{x}}$$

Hiermit ist das Verhalten der Funktion am rechten Rand des rechten Intervalls (d. h. am rechten Rand unseres Zeichenblattes) geklärt: Die Funktionswerte sind von 1 kaum zu unterscheiden.

② $x \to -\infty$

Hiermit betrachten wir das Verhalten der Funktion am linken Rand (des Zeichenblattes). Die Werte von x müssen dem Intervall $-\infty < x < -1$ entnommen sein.

$$\lim_{x \to -\infty} \frac{x - 1}{x + 1} = 1.$$

Es stellt sich also derselbe Grenzwert wie bei $x \to \infty$ ein, wie wir der umgerechneten Funktion entnehmen können. Allerdings ist bei genauerer Betrachtung trotzdem ein Unterschied festzustellen. Für $x \to \infty$ ist für große x der Zähler immer etwas kleiner als der zugehörige Nenner. Daher sind die zugehörigen Funktionswerte stets etwas kleiner als 1. Wir schreiben daher

$$y = \frac{x - 1}{x + 1} \to 1 - 0 \quad \text{für } x \to \infty$$

Damit deuten wir an, daß der Grenzwert durch Vernachlässigung einer *fehlenden* Winzigkeit entsteht.

Betrachten wir dagegen $x \to -\infty$, so kommen für x nur negative Werte in Betracht. Schreiben wir die Funktion um (Erweitern mit -1)

$$y = \frac{x - 1}{x + 1} = \frac{-x + 1}{-x - 1},$$

so sehen wir, da ja jetzt $-x$ eine positive Zahl ist, daß der Zähler stets größer als der Nenner ist. Also ist der Bruch stets größer als 1. Wir schreiben analog:

$$y = \frac{x - 1}{x + 1} \to 1 + 0 \quad \text{für } x \to -\infty$$

Wir vernachlässigen also eine *zusätzliche* Winzigkeit.

③ $x \to -1$ (Annäherung von rechts)

Wir wollen jetzt den linken Rand des rechten Intervalls -1 betrachten. Wir müssen mit den x-Werten im Intervall bleiben, nähern uns also von rechts her dem Werte — 1. Unsere x-Werte sind also stets etwas größer als — 1. Wir schreiben analog zu den unter 2 betrachteten Fällen

$$x \to -1 + 0.$$

Die Feststellung, ob die zugehörigen Funktionswerte einem Grenzwert zustreben, wird uns hier wieder erleichtert, wenn wir den vorliegenden Fall auf eine Nullfolge zurückführen. Dieses Vorhaben gelingt uns, indem wir eine Hilfsvariable h einführen.

Wenn wir uns die Annäherung $x \to -1$ auf der x-Achse ansehen, so muß definitionsgemäß die Entfernung zwischen dem jeweilig gewählten x-Wert und $x = -1$ immer kleiner werden.

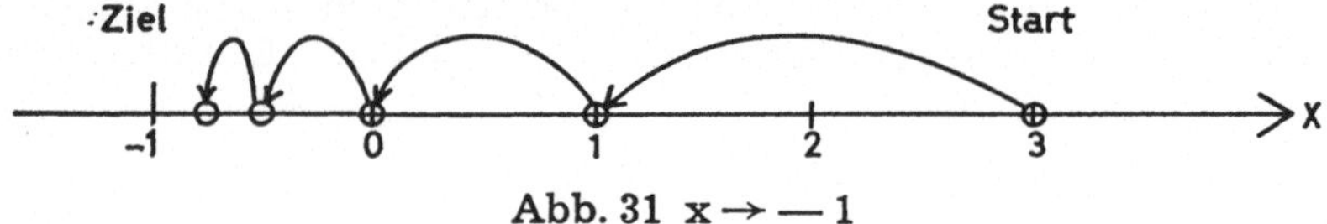

Abb. 31 $x \to -1$

Wählen wir z. B. folgende x-Werte

$$3\ ;\ 1\ ;\ 0\ ;\ -\frac{1}{2}\ ;\ -\frac{3}{4}\ ;\ -\frac{7}{8}\ \ldots,$$

so ergibt sich für die zugehörigen Entfernungen zum „Ziel" die Nullfolge

$$4\ ;\ 2\ ;\ 1\ ;\ \frac{1}{2}\ ;\ \frac{1}{4}\ ;\ \frac{1}{8}\ \ldots.$$

Diese Entfernung führen wir als Hilfsvariable h ein. Es ist offensichtlich

(*) $h = x + 1$ oder $x = -1 + h$

Für $x \to -1$ ergibt sich $h \to 0$.

Siehe auch Abbildung 32.

Der betrachtete Fall erlaubt nur positive Werte für h ($h > 0$).

Wir schreiben die Funktion mit Hilfe der Substitution (*) um. Wir ersetzen also die Variable x durch die Hilfsvariable h.

$$y = \frac{x-1}{x+1} = \frac{-1+h-1}{-1+h+1} = \frac{-2+h}{h} = 1 - \frac{2}{h}.$$

Wir sehen jetzt, daß die Funktion unbeschränkt fällt, wenn $h \to 0$

$$1 - \frac{2}{h} \to -\infty \quad \text{falls } h \to 0 \quad (h > 0)$$

Da $h \to 0$ gleichbedeutend mit $x \to -1$ ist, erhalten wir

$$\frac{x-1}{x+1} \to -\infty \quad \text{für } x \to -1 + 0$$

④ $x \to -1 - 0$

Diesen Fall betrachten wir im Zusammenhang mit dem Fall ③. Jetzt nähern wir uns dem „Ziel" $x = -1$ von links. Wir verwenden wieder h als Hilfsvariable.

Da wir aber von links kommen, sind alle h-Werte, die wir verwenden, *negativ* ($h < 0$).

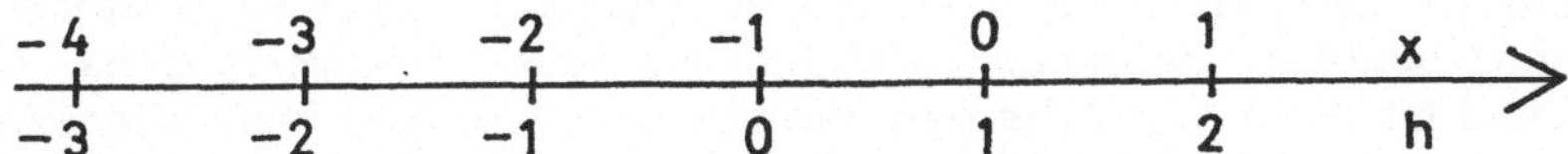

Abb. 32: Substitution von x durch h

Insofern nimmt die Funktion

$$y = 1 - \frac{2}{h} = 1 + \frac{2}{-h}$$

nur positive Werte an und wächst für $h \to 0$ unbeschränkt. Wir erhalten also

$$\frac{x-1}{x+1} \to \infty \quad \text{für } x \to -1-0.$$

Die graphische Auswertung der vorstehenden vier Untersuchungen gibt den Verlauf der zugehörigen Kurve nach zwei Gesichtspunkten wieder.

- $x \to \infty$ ergibt $y \to 1-0$ $\qquad$ $x \to -\infty$ ergibt $y \to 1+0$.

Hieraus folgt, daß die Kurve der betrachteten Funktion für unbeschränkt positive bzw. negative Werte von x von dem Bild der Funktion $y = 1$ nur wenig abweicht. Es ist deshalb ratsam, in das Achsenkreuz die zur x-Achse parallele Gerade $y = 1$ einzuzeichnen. Diese Gerade $y = 1$ wird in diesem Zusammenhang als *Asymptote* (Grenzkurve) bezeichnet. Wir sehen aus $y \to 1-0$ (für $x \to \infty$), daß sich die Kurve von *unten* der Asymptote nähert. Entsprechend folgt aus $y \to 1+0$ (für $x \to -\infty$) die Anschmiegung von oben her.

- $x \to -1+0$ ergibt $y \to -\infty$ $\qquad$ $x \to -1-0$ ergibt $y \to +\infty$.

Hieran sehen wir, daß wir eine *zweite* Asymptote einzeichnen können, die parallel zur y-Achse verläuft und alle Punkte mit dem x-Wert $x = -1$ zusammenfaßt. Nähern wir uns von rechts her diesem x-Wert, steigt die Kurve ins *positive Unendliche*, kommen wir von links, so fällt sie ins *negative Unendliche*.

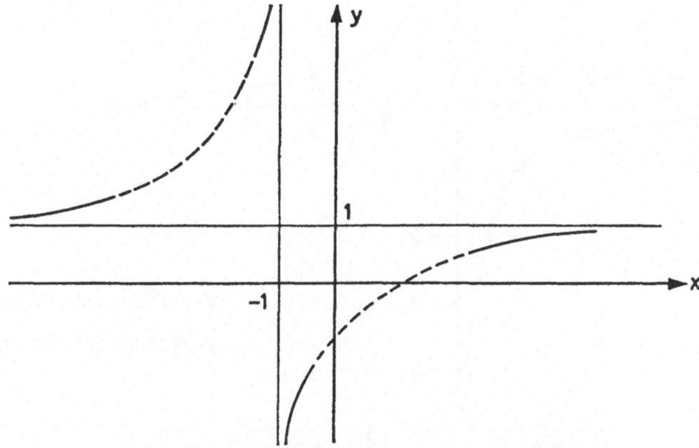

Abb. 33: Annäherung an Asymptoten

Zusammenfassung:

Um die Tendenz einer Funktion an den Rändern ihres Definitionsbereiches festzustellen, bedienen wir uns des Grenzwertverfahrens. Dieses Vorgehen ist nur nötig, falls der Rand selbst nicht zum Definitionsbereich gehört. So hat z. B. die Funktion

$$y = +\sqrt{x}$$

den Definitionsbereich $0 \leq x < \infty$. (Denn negative x-Werte ergeben imaginäre y-Werte). Der linke Rand 0 kann unmittelbar für die Berechnung des zugehörigen y-Wertes herangezogen werden ($y = 0$). Beim rechten Rand ∞ müssen wir einen Grenzprozeß $x \to \infty$ ablaufen lassen ($y \to \infty$).

Weitere Beispiele:

(6) $y = \frac{1}{2}x + 1$ Definitionsbereich $-\infty < x < \infty$

Wenn $x \to \infty$, dann $y \to \infty$
wenn $x \to -\infty$, dann $y \to -\infty$

(wächst x über alle Grenzen, so ist y ebenfalls unbeschränkt.)

(7) $y = \frac{1}{x}$ Definitionsbereich $-\infty < x < 0$
$0 < x < \infty$

Die Null muß ausgeschlossen werden, da die Division nicht erklärt ist.

Wenn $x \to \infty$, dann $y \to 0$ (von „oben")
wenn $x \to -\infty$, dann $y \to 0$ (von „unten")

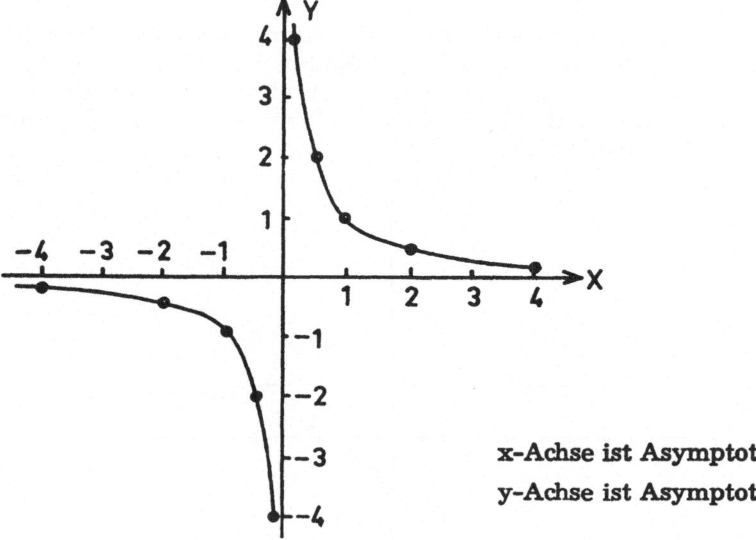

Abb. 34: $y = \frac{1}{x}$ (Hyperbel)

wenn $x \to 0$ (von rechts), dann $y \to \infty$
wenn $x \to 0$ (von links), dann $y \to -\infty$

(In diesem Zusammenhang wird mitunter davon gesprochen: Teilt man die Eins durch die Null, so ergibt sich Unendlich. Wir müssen aber bedenken, daß hinter dieser Aussage der oben geschilderte Grenzwertprozeß steckt. Im übrigen sehen wir, es kann auch $-\infty$ herauskommen. Wir wollen also bei derartigen Bemerkungen vorsichtig sein und stets den gegebenen Fall mit Hilfe einer Grenzwertbetrachtung untersuchen.)

(8) $y = \frac{1}{x^2}$ $\quad -\infty < x < 0;\ 0 < x < \infty$

$\left.\begin{array}{l} x \to \infty \\ x \to -\infty \end{array}\right\} y \to 0$ (von „oben")

$\left.\begin{array}{l} x \to 0 \text{ (von „rechts")} \\ x \to 0 \text{ (von „links")} \end{array}\right\} y \to \infty$

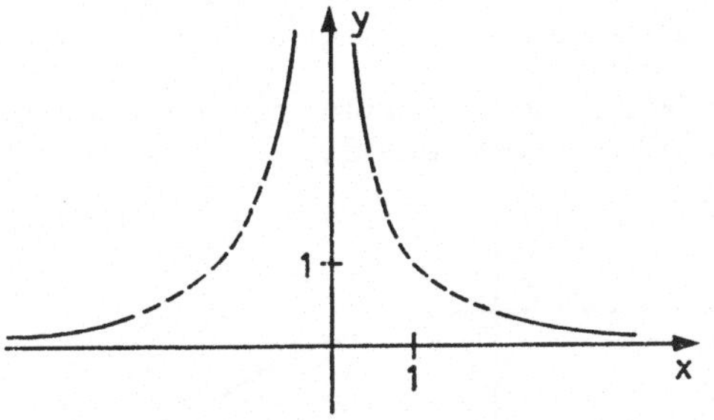

x-Achse ist Asymptote

y-Achse ist Asymptote

Abb. 35: $y = \frac{1}{x^2}$

(9) $y = \frac{x^2}{x^2 + 1}$ (Der Nenner kann hier nicht Null werden)

$x \to \pm\infty$ (Da x nur als x^2 vorkommt, ist das Verhalten der Funktion für positive und negative x gleich), Umformen, um Nullfolge zu erhalten (kürzen).

$$y = \frac{x^2}{x^2 + 1} = \frac{1}{1 + \frac{1}{x^2}}$$

Nach Beispiel (8) ist $\frac{1}{x^2}$ eine Nullfolge für $x \to \infty$.

Es ergibt sich

$y \to 1 - 0$. Dabei bedeutet, wie oben ausgeführt, der Zusatz -0, daß die Annäherung an die Asymptote $y = 1$ von unten erfolgt. (Der Nenner der gegebenen Funktion ist stets größer als der Zähler.)

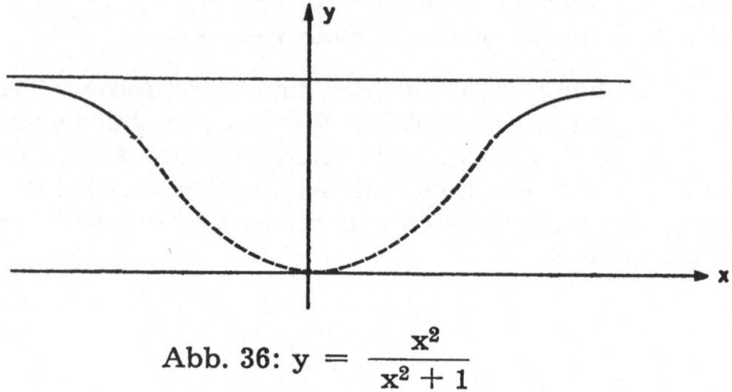

Abb. 36: $y = \frac{x^2}{x^2 + 1}$

10. Stetigkeit von Funktionen

Was heißt Stetigkeit bezogen auf eine Funktion? Die Verneinung des Begriffes tritt uns in der Umgangssprache als „unstet" entgegen, was soviel wie „sprunghaft" bedeutet. Diesen Sinn übertragen wir jetzt auf Funktionen: Macht die Funktion einen Sprung, so ist sie an der Sprungstelle unstetig.

Um festzustellen, ob eine Funktion an einem gewissen x-Wert springt oder nicht, bedienen wir uns der Grenzwertmethode.

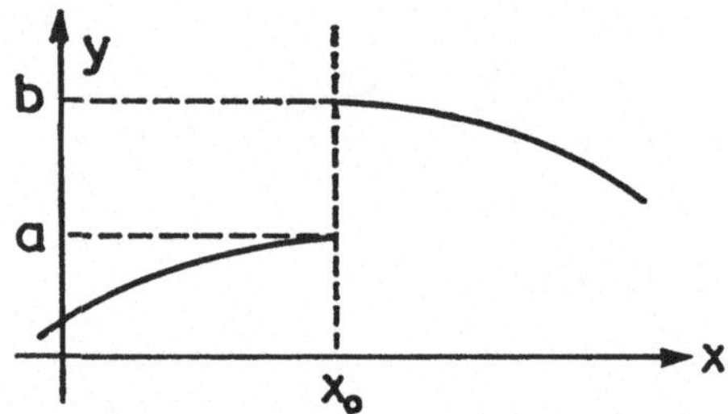

Abb. 37: Funktion mit Sprung

In Abb. 37 ist eine Funktion mit Sprung an der Stelle x_0 dargestellt. Lassen wir x gegen x_0 von links her (also von kleineren x-Werten) gehen, so konvergieren die zugehörigen Funktionswerte gegen a (siehe Zeichnung).

$$\lim_{x \to x_0 - 0} f(x) = a$$

Wir sprechen vom linksseitigen Grenzwert. Kommen wir dagegen von rechts her ($x \to x_0 + 0$), so ergibt sich der rechtsseitige Grenzwert (hier b).

$$\lim_{x \to x_0 + 0} f(x) = b$$

Der Sprung beträgt also b — a.

Für das Vorliegen eines Sprunges ist es belanglos, ob die Funktion an der Sprungstelle definiert ist. So liegt z. B. bei der Funktion $y = \frac{x - 1}{x + 1}$ für $x_0 = -1$ ein unendlicher Sprung vor (siehe Beispiel 5 des vorigen Abschnittes), ein Funktionswert für $x_0 = -1$ existiert nicht. (Daß $y \to \infty$ für $x \to x_0 = -1$ bezeichnen wir nicht als Existenz des y-Wertes.) Wenden wir uns jetzt denjenigen Funktionsstellen (geometrisch gesehen Kurvenpunkten) zu, an denen die Funktion stetig ist.

Definition der Stetigkeit

Wir nennen eine Funktion stetig an der Stelle x_0, wenn der Funktionswert an dieser Stelle gleich dem rechtsseitigen und gleich dem linksseitigen Grenzwert für diese Stelle x_0 ist. Oder symbolisch ausgedrückt:

$$\lim_{x \to x_0 + 0} f(x) = \lim_{x \to x_0 - 0} f(x) = f(x_0)$$

Damit die Stetigkeit in einem Punkt gewährleistet ist, müssen also diese drei Zahlen existieren (d. h. einen endlichen Wert haben) und übereinstimmen. (Falls nur der rechtsseitige Limes existiert und gleich dem betreffenden Funktionswert ist, sprechen wir von rechtsseitiger Stetigkeit, linksseitig analog.) (Aus dieser Definition lassen sich neben dem oben betrachteten „Sprung" noch andere Arten von Unstetigkeitsstellen ableiten, die aber für unsere Betrachtungen unwichtig sind.)

Beispiele:

(1) $y = \frac{1}{2}x + 1$ (siehe Beispiel (6) Abschnitt 8.)

a) Für jedes beliebige endliche x_0 ist die Funktion definiert.

b) Der rechtsseitige Grenzwert existiert für jedes endl. x_0, desgl. der linksseitige.

c) Beide Grenzwerte stimmen überein und sind gleich dem betreffenden Funktionswert.

Also ist die Funktion (überall) stetig. Geometrisch können wir uns diesen Sachverhalt folgendermaßen veranschaulichen: Die zugehörige Kurve ist eine Gerade.

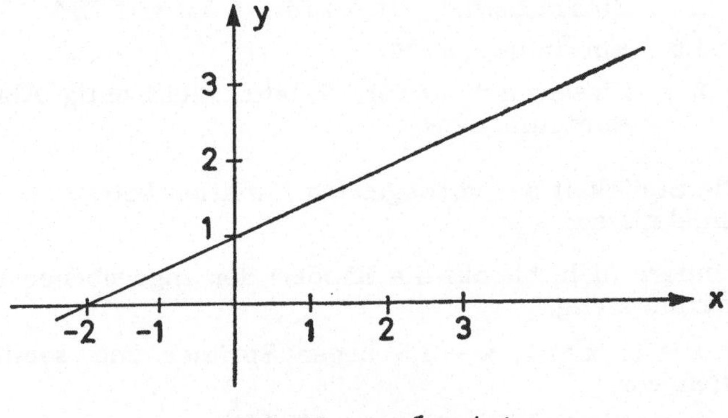

Abb. 38: $y = \frac{1}{2}x + 1$

Die Stetigkeit der Funktion für das gesamte Intervall $-\infty < x < \infty$ zeigt sich darin, daß die gesamte Kurve aus „zusammenhängenden" Punkten besteht, d. h. daß es zu jedem Kurvenpunkt nach beiden Seiten hin beliebig nahe Nachbarpunkte gibt, die ebenfalls Kurvenpunkte sind. Dabei muß grundsätzlich berücksichtigt werden, daß alle Punkte der x-Achse mit x-Werten belegt sind, d. h. daß wir nicht nur rationale, sondern auch irrationale Zahlen (z. B. $\sqrt{2}$) als x-Werte verwenden.

(2)
$$\begin{array}{lll} y = 0 & \text{für} & -\infty < x < 0 \\ y = 10 & \text{für} & 0 \leqq x < 1 \\ y = 11 & \text{für} & 1 \leqq x < 1{,}5 \\ y = 20 & \text{für} & 1{,}5 \leqq x < 2 \\ y = 21{,}55 & \text{für} & x = 2 \\ y = 0 & \text{für} & 2 < x < \infty \end{array}$$

Stellen wir uns unter x die Zeit vor (als Einheit verwenden wir 1 Jahr) und unter y das Guthaben in DM auf einem bestimmten Konto. Der zugehörige Graph enthält eine „Treppenkurve".

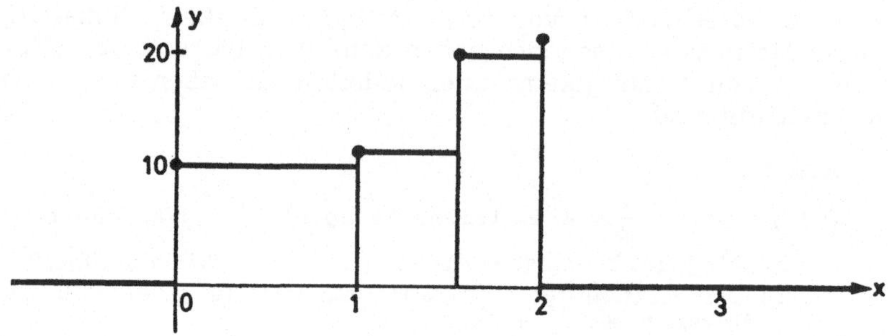

Abb. 39: Treppenkurve

An den endlichen Rändern liegen dann folgende Kontobewegungen vor:

$x = 0$	erste Einzahlung: 10 DM
$x = 1$	Zinsenzuschlag (10 %) fürs 1. Jahr: 1 DM
$x = 1{,}5$	Einzahlung: 9 DM
$x = 2$	Zinsenzuschlag fürs 2. Jahr, gleichzeitig Abhebung des Gesamtguthabens.

Wenn wir die Stetigkeit der vorliegenden Funktion betrachten, kommen wir zu folgenden Ergebnissen:

a) Im Innern (d. h. bis auf die Ränder) der angegebenen Intervalle ist die Funktion stetig.

b) Für $x = 0$; $x = 1$; $x = 1{,}5$ liegen Sprünge und somit Unstetigkeitsstellen vor.

   Für diese Werte ist die Funktion linksseitig stetig.

c) Für $x = 2$ trifft eine besondere — bisher nicht besprochene — Situation zu:

Der Funktionswert existiert, ist aber weder gleich dem rechtsseitigen noch gleich dem linksseitigen Grenzwert. Der betreffende Punkt wird mit dem anschaulichen Begriff Einsiedlerpunkt belegt.

(3) $$y = \frac{1}{x^2}$$

Für $x = 0$ existiert kein Funktionswert. Diese Feststellung genügt, um zu sagen: Die Funktion ist für $x = 0$ unstetig. Hinzu kommt, daß auch die erforderlichen Grenzwerte nicht existieren. Für alle anderen x-Werte ist die Funktion stetig.

Als Abschluß zum Kapitel „Stetigkeit" wollen wir uns einige Sätze anschaulich klarmachen.

Nullstellensatz

Ist die Funktion $y = f(x)$ im Intervall $a \leqq x \leqq b$ stetig und haben die Zahlen $f(a)$ und $f(b)$ entgegengesetzte Vorzeichen ($f(a) \neq 0$; $f(b) \neq 0$), so gibt es einen inneren x-Wert des Intervalls (d. h. $a < x_0 < b$), für den gilt $f(x_0) = 0$. Jedes x_0 mit dieser Eigenschaft heißt Nullstelle der Funktion.

Mit Hilfe der graphischen Darstellung sehen wir, daß die Kurve bei den vorliegenden Voraussetzungen die x-Achse schneiden muß.

Der Schnittpunkt hat die Koordinaten $(x_0 \mid 0)$.

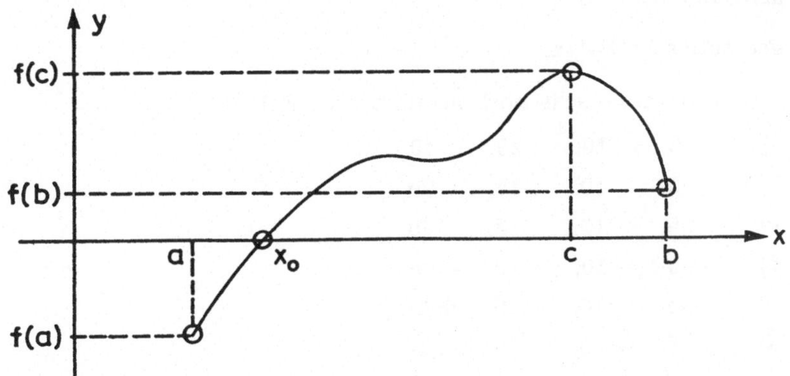

Abb. 40: Funktion mit Nullstelle, Maximum und Minimum

Zwischenwertsatz

Ist die Funktion $y = f(x)$ im Intervall $a \leqq x \leqq b$ stetig, so nimmt die Funktion alle Werte, die zwischen $f(a)$ und $f(b)$ liegen, mindestens einmal an.

In Abb. 40 können wir uns die Richtigkeit des Satzes klarmachen, wenn wir die x-Achse entsprechend verlagern.

Satz vom Maximum und Minimum

Ist die Funktion $y = f(x)$ im Intervall $a \leqq x \leqq b$ stetig, so hat sie dort einen größten (Maximum) und einen kleinsten Wert (Minimum), falls es sich nicht um eine konstante Funktion handelt. Wir sehen an der Abb. 40, daß (falls x die Werte von a bis b durchläuft) die Skala der Funktionswerte von f (a) bis f (c) reicht. f (a) ist hier das Minimum und f (c) das Maximum der Funktion. Bei der gezeichneten Kurve wird das Minimum für einen Randwert des x-Intervalls angenommen, das Maximum für einen inneren Wert. Natürlich können auch andere Kombinationen vorkommen.

Abschließend soll ohne Kommentar erwähnt werden: Die Summe (die Differenz, das Produkt) zweier stetigen Funktionen ist wieder stetig. Vom Quotienten gilt das gleiche, wenn die Nullstellen des Nenners ausgenommen werden. Viele Vorgänge, die wir als stetig annehmen, sind genau genommen unstetig. Sind die auftretenden Sprünge nicht zu groß, ist es einfacher, den Vorgang mit einer stetigen Funktion zu glätten, als mit Treppenfunktionen zu arbeiten. Jedoch gibt es in der Natur Effekte, die nur mit unstetigen Funktionen zu beschreiben sind (Max Plank Quantentheorie).

11. Übungen

(1) Klassifizieren Sie die nachstehenden Folgen hinsichtlich der drei Eigenschaften:

I. arithmetische Folge,

II. geometrische Folge,

III. weder arithmetische noch geometrische Folge!

a)	5,	10,	20,	40,	...
b)	5,	10,	15,	20,	...
c)	5,	10,	15,	30,	...
d)	—5,	—10,	—20,	—40,	...
e)	—5,	+10,	—20,	+40,	...
f)	5,	—10,	+15,	—20,	...

(2) Berechnen Sie die Summen!

a) $3 + 6 + 12 + 24 + \ldots$ bis zum 10.Glied einschließlich

b) $1 + 11 + 21 + 31 + \ldots$ " " " " "

c) $1 + \frac{1}{5} + \frac{1}{25} + \frac{1}{125} + \ldots$ für $n \to \infty$

d) $1 - \frac{1}{5} + \frac{1}{25} - \frac{1}{125} + \ldots.$ " "

(3) Ermitteln Sie, falls Konvergenz vorliegt, die Grenzwerte für $n \rightarrow \infty$!

a) $a_n = \frac{3n + 7}{2\,n}$

b) $a_n = \frac{3n^2 + 7}{2n^2}$

c) $a_n = \frac{3n + 7}{2n^2}$

d) $a_n = \frac{3n^2 + 7}{2n}$

(4) Ermitteln Sie die zu den folgenden Funktionen gehörenden Definitionsbereiche (Intervallangaben)!

a) $y = \frac{1}{x^2 - 25}$

b) $y = \sqrt{x^2 - 25}$

c) $y = \frac{1}{\sqrt{x^2 - 25}}$

(5) Prüfen Sie das Verhalten der unter (4) genannten Funktionen an den Rändern der Definitionsgebiete! (Diese Aufgabe besitzt einen erhöhten Schwierigkeitsgrad.)

(6) Untersuchen Sie die folgenden Funktionen auf Stetigkeit!

a) $y = \frac{1}{x - 1} + \frac{1}{x}$

b)
$$y = \begin{cases} x + 2 & \text{für} \quad -\infty < x \leqq -1 \\ x^2 & \text{für} \quad -1 < x \leqq 1 \\ -x + 2 & \text{für} \quad 1 < x < \infty \end{cases}$$

c)
$$y = \begin{cases} 5 & \text{für} \quad -\infty < x < 1 \\ x + 5 & \text{für} \quad 1 \leqq x < \infty \end{cases}$$

VII. Finanzmathematik

Obwohl weite Gebiete der Finanzmathematik zur finiten Mathematik gehören, werden für gewisse Folgerungen Grenzwertprozesse benötigt. Da obendrein die Zinseszinsrechnung auf der geometrischen Folge und die Rentenrechnung auf der geometrischen Reihe aufbauen, ist es zweckmäßig, die Finanzmathematik an dieser Stelle zu behandeln.

1. Das Kapital als Funktion der Zeit (Zinseszinsrechnung)

a) Aufzinsung

Wir betrachten die charakteristischen Vorgänge am Beispiel des Sparkontos. Der Sparer vertraut einen gewissen Betrag, wir nennen ihn Kapital, einem Kreditinstitut an. Als Entgelt erhält er Zinsen, die dem ursprünglichen Kapital zugeschlagen werden. *Das angelegte Kapital wird also durch Verzinsung verändert.* Die Höhe der Zinsen wird mit Hilfe des sogenannten Zinsfußes vereinbart. Dieser Zinsfuß wird in Prozent angegeben. (Die Prozente beziehen sich auf das zu verzinsende Kapital). Der Berechnungszeitraum, auch Zinsperiode genannt, erstreckt sich über 1 Jahr (falls keine Sonderregelungen erfolgen). Damit zeigt der Zinsfuß an, wieviel Prozent die Zinsen pro Jahr vom Kapital betragen. Der Zinszuschlag erfolgt in der Regel *am Ende der Zinsperiode.* Wir sprechen von nachschüssigen Zinsen.

Beispiel:

Kapital am Anfang der Zinsperiode	K_0	250,— DM	(100 %)
Zinsfuß	p		5 %
Zinsen für die Zinsperiode	z	12,50 DM	(5 %)
Kapital am Ende der Zinsperiode	K_1	262,50 DM	

Wir sehen, das Kapital hat sich vermehrt. Für unsere weiteren Untersuchungen verwenden wir die oben angegebenen symbolischen Darstellungen. Der Index bei K_0 und K_1 ist dabei ein Kennzeichen für den betrachteten Zeitpunkt (gemessen in der Zeiteinheit 1 Jahr). K_0 ist also das Kapital zum Zeitpunkt Null. Aus der Definition folgt nun nach kurzer Umformung die Zinsformel (1).

$$K_1 = K_0 + z$$
$$= K_0 + K_0 \cdot \frac{p}{100}$$

(1)
$$\boxed{K_1 = K_0 \left(1 + \frac{p}{100}\right)}$$

Kennen wir die Zahlenwerte für K_0 und p, so können wir K_1 sofort berechnen.

Falls außer dem Zinszuschlag am Ende der Zinsperiode keine weiteren Kontobewegungen vorliegen, vermehrt sich das Kapital weiterhin mit jedem Zinszuschlag. Damit werden in jeder Zinsperiode (mit Ausnahme der ersten) die Zinsen der vorangegangenen Zinsperioden als Anteil des betreffenden Kapitals verzinst. Aus diesem Grunde ist es üblich, das vorliegende Gebiet als Zinseszinsrechnung zu bezeichnen.

Um das weitere Anwachsen des Kapitals zu ermitteln, betrachten wir die nächsten Zeitpunkte, die die jeweiligen Zinsperioden begrenzen.

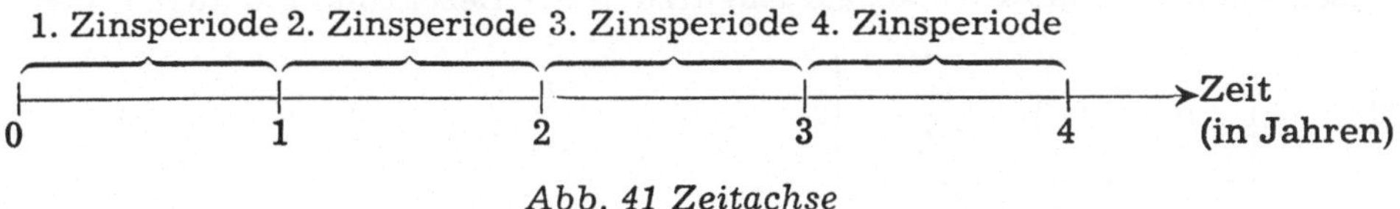

Abb. 41 Zeitachse

Zeitpunkt 0 (siehe oben)

Kapital: $\boxed{K_0}$

Zeitpunkt 1 (siehe oben Formel (1))

Kapital: $$\boxed{K_1 = K_0 \left(1 + \frac{p}{100}\right)}$$

Zeitpunkt 2

Kapital:
$$\begin{aligned} K_2 &= K_1 + z \\ &= K_1 + K_1 \cdot \frac{p}{100} \\ &= K_1 \left(1 + \frac{p}{100}\right) \end{aligned}$$

Wir sehen, K_2 geht aus K_1 auf die gleiche Weise hervor, wie K_1 aus K_0.

In der letzten Zeile ersetzen wir K_1 gemäß Formel (1).

$$\boxed{K_2 = K_0 \left(1 + \frac{p}{100}\right)^2}$$

Zeitpunkt 3

Kapital: $$K_3 = K_2 \left(1 + \frac{p}{100}\right)$$

$$\boxed{K_3 = K_0 \left(1 + \frac{p}{100}\right)^3}$$

Zeitpunkt n

Es sind n Zinsperioden verstrichen. Das Kapital wurde n mal verzinst (Zinseszinsen). Rechnerisch kann dieses Verzinsen gemäß Formel (1) geschehen, d. h. das Kapital des vorhergehenden Zeitpunktes wird mit dem Faktor $1 + \frac{p}{100}$ multipliziert.

$$K_n = K_{n-1} \cdot (1 + \frac{p}{100})$$

Dieser wichtige Faktor erhält als Abkürzung die Bezeichnung q zugeordnet.

(2)*
$$q = 1 + \frac{p}{100}$$

Jetzt können wir K_n durch n-maliges Verzinsen aus K_0 gewinnen.

(3)
$$\mathbf{K_n = K_0 \cdot q^n}$$

Wir stellen nun die betreffenden Kapitalien mit den zugehörigen Zeitpunkten in einer Tabelle zusammen.

Zeitpunkt	0	1	2	3	...	n
Kapital	K_0	$K_1 = K_0 q$	$K_2 = K_0 q^2$	$K_3 = K_0 q^3$		$K_n = K_0 q^n$

Wir sehen, *das Kapital ist eine Funktion der Zeit.* Es handelt sich bei den Werten des Kapitals um eine *geometrische Folge.* (Die geringe Abweichung zur Funktionsdarstellung der geometrischen Folge, liegt daran, daß wir in diesem Kapital bei der Null anfangen zu zählen). Es ist üblich, den Zeitpunkt Null als den gegenwärtigen Zeitpunkt zu betrachten. Dann liegen alle anderen Zeitpunkte in der Zukunft. In diesem Sinne wird das Anfangskapital K_0 auch als Barwert des Kapitals und $K_1, K_2, \ldots K_n$ als Zeitwerte des Kapitals bezeichnet. Der in Formel (3) auftretende Faktor q^n heißt Aufzinsungsfaktor. Demnach können wir die Formel (3) als Merksatz aussprechen:

K_n, der Zeitwert eines Kapitals nach n Jahren, entsteht aus dem Barwert K_0 durch Multiplikation mit dem Aufzinsungsfaktor q^n.

Die rechnerische Bestimmung des Aufzinsungsfaktors q^n ist ohne Verwendung von Logarithmen oder Rechenmaschinen sehr mühsam. Diese Rechenarbeit wird durch umfangreiche Tabellen erleichtert.

Die nachstehende Auswahl reicht für unsere Zwecke. Die Werte sind auf 3 Stellen nach dem Komma auf- bzw. abgerundet.

Tabelle der Aufzinsungsfaktoren $q^n = \left(1 + \frac{p}{100}\right)^n$

n	p								
	2 %	3 %	4 %	5 %	6 %	7 %	8 %	9 %	10 %
1	1,02	1,03	1,04	1,05	1,06	1,07	1,08	1,09	1,10
2	1,040	1,061	1,082	1,103	1,124	1,145	1,166	1,188	1,210
3	1,061	1,093	1,125	1,158	1,191	1,225	1,260	1,295	1,331
4	1,082	1,126	1,170	1,216	1,262	1,311	1,360	1,412	1,464
5	1,104	1,159	1,217	1,276	1,338	1,403	1,469	1,539	1,611
6	1,126	1,194	1,265	1,340	1,419	1,501	1,587	1,677	1,772
7	1,149	1,230	1,316	1,407	1,504	1,606	1,714	1,828	1,949
8	1,172	1,267	1,369	1,477	1,594	1,718	1,851	1,993	2,144
9	1,195	1,305	1,423	1,551	1,689	1,838	1,999	2,172	2,358
10	1,219	1,344	1,480	1,629	1,791	1,967	2,159	2,367	2,594

Beispiele:

1. $K_0 = 1000$ DM; $p = 6\,\%$; K_7 ist gesucht

$K_7 = K_0 \cdot q^7$

$= 1000 \cdot 1{,}06^7 = 1000 \cdot 1{,}504$

$\underline{\underline{K_7 = 1504 \text{ DM}}}$

Der ausgerechnete Wert für $q^7 = 1{,}06$ wurde obenstehender Tabelle entnommen: Spalte $p = 6\,\%$, Zeile $n = 7$ Jahre.

2. Ein Kapital von 20 000 DM wird für 5 Jahre zu 8 % festgelegt. Auf welchen Betrag ist es dann angewachsen?

$K_0 = 20\,000$ DM, $p = 8\,\%$

$K_5 = \cdot\, K_0 \cdot q^5$

$= 20\,000 \cdot 1{,}08^5 = 20\,000 \cdot 1{,}469$

$\underline{\underline{K_5 = 29\,380 \text{ DM}}}$

b) Abzinsung

Formel (3) kann auch zur Berechnung von K_0 benutzt werden, falls n, K_n und p bekannt sind. Die Formel muß gemäß den Vorschriften der Gleichungslehre nach K_0 aufgelöst werden.

(3a)

$$\boxed{K_0 = \frac{K_n}{q^n} = K_n \cdot \frac{1}{q^n}}$$

Der rechnerische Vorgang, aus einem Zeitwert den Barwert zu berechnen, wird Diskontierung oder Abzinsung genannt. Dementsprechend heißt $\frac{1}{q^n}$ auch Abzinsungsfaktor.

Beispiele:

3. $K_6 = 10\,000$ DM, $p = 5\,\%$

$$K_0 = 10\,000 \cdot \frac{1}{1{,}05^6} = 10\,000 : 1{,}340$$

$$\underline{\underline{K_0 = 7\,463 \text{ DM}}}$$

4. Welchen Barwert hat ein Zahlungsversprechen von 5000 DM in 10 Jahren, falls man einen Zinsfuß von 4 % zugrunde legt?

$K_{10} = 5\,000$ DM, $p = 4\,\%$

$$K_0 = 5\,000 \cdot \frac{1}{1{,}04^{10}} = 5\,000 : 1{,}480$$

$$\underline{\underline{K_0 = 3\,378 \text{ DM}}}$$

c) Kapitalvergleich

Abschließend wollen wir uns die wichtige Erkenntnis vor Augen halten:

Zur Fixierung eines Kapitals gehören

1. *die Höhe des Kapitals;*
2. *der zugehörige Zeitpunkt.*

Daraus folgt unmittelbar der wichtige Satz:

Zwei Kapitalien sind gleich, falls sie in Höhe und zugehörigem Zeitpunkt übereinstimmen.

Haben wir zwei zu verschiedenen Zeitpunkten gehörende Kapitalien zu vergleichen, müssen wir sie auf einen gemeinsamen Zeitpunkt beziehen. Das Gleiche gilt, falls die Kapitalien addiert werden sollen.

Beispiel:

5. Welches Kapitel hat einen höheren Wert,

$K_7 = 10\,000$ DM oder

$K^*_{10} = 11\,000$ DM (Zinsfuß 5 %)?

$$K_{10} = K_7 \cdot q^3 = 10\,000 \cdot 1{,}05^3 \approx 11\,580$$

$$\underline{\underline{K_{10} > K^*_{10}}}$$

2. Rentenrechnung

Eine in regelmäßigen Zeitabständen erfolgende Zahlung von gleicher Höhe nennen wir eine Rente. Da in der Umgangssprache die meist einer Person zugeordnete Gesamtheit von derartigen Zahlungen als Rente bezeichnet wird, wollen wir die einzelne Zahlung Rentenrate (oder kurz *Rate)* nennen.

In Anlehnung an das vorige Kapital verwenden wir als Zahlungstermine die Zeitpunkte des Zinszuschlags. Die erste Rentenrate soll am Ende der ersten Zinsperiode fällig sein. Wir sprechen von einer nachschüssigen Rente.

a) Der Rentenendwert

Wir stellen uns vor, daß sämtliche Rentenraten auf ein Konto eingezahlt werden und dort entsprechend den Verfahren der Zinseszinsrechnung verzinst werden.

Wir bezeichnen die Rentenrate mit r und verfolgen das Anwachsen des Kontostandes über n Zinsperioden. Den dann erreichten Wert bezeichnen wir mit R_n und sprechen vom Rentenendwert.

Der Rentenendwert entsteht also aus n Rentenraten einschließlich deren Zinseszinsen.

Wir betrachten nun wieder die einzelnen Zeitpunkte.

Zeitpunkt 0

Da die Zahlungen zu Ende der Zinsperiode erfolgen, ist der *Kontostand* gleich Null.

Zeitpunkt 1

Die erste Rate wird eingezahlt.

Kontostand: r

Zeitpunkt 2

Die erste Rate wird verzinst (Multiplikation mit q), die zweite Rate r wird eingezahlt

Kontostand $rq + r$

Zeitpunkt 3

Der Kontostand des Zeitpunktes 2 wird verzinst $q \cdot (rq + r)$, dazu kommt die dritte Rate r.

Kontostand $rq^2 + rq + r$

Zeitpunkt 4

Der vorige Kontostand wird verzinst $q\ (rq^2 + rq + r)$, die 4. Rate r wird eingezahlt.

Kontostand $rq^3 + rq^2 + rq + r$

Zeitpunkt n

Kontostand: $R_n = rq^{n-1} + rq^{n-2} + \ldots + rq^2 + rq + r$

Wir sehen, die 1. Rate r wurde inzwischen n —1 mal verzinst, da diese Rate am Ende der 1. Zinsperiode eingezahlt wurde. Die letzte (n^{te}) Rate r wurde unmittelbar zum Zeitpunkt n eingezahlt, wurde also noch nicht verzinst.

Jetzt formen wir den letzten Kontostand (Rentenendwert) algebraisch um.

$$R_n = r \cdot (q^{n-1} + q^{n-2} + \ldots + q^2 + q + 1)$$

Auf den Term in der Klammer läßt sich die Summenformel der geometrischen Reihe anwenden.

(4)
$$R_n = r \cdot \frac{q^n - 1}{q - 1}$$
Rentenendwert

Beispiele:

1. Rentenrate $r = 500,\!—$ DM

   Laufzeit $n = 10$ Jahre

   Zinsfuß $p = 5\,\%$

   Gesucht ist der Rentenendwert.

   $$R_{10} = 500 \cdot \frac{1{,}05^{10} - 1}{1{,}05 - 1}$$

   $$\approx 500 \cdot \frac{0{,}629}{0{,}05}$$

   $$\underline{\underline{R_{10} \approx 6\,290 \text{ DM}}}$$

2. Wie groß muß die Rentenrate sein, falls man am Ende des 5. Jahres 10 000,— DM angespart haben will (Zinsfuß 6 %)?

   Formel (4) muß nach r aufgelöst werden:

(4a)
$$r = R_n \cdot \frac{q - 1}{q^n - 1}$$

$$r = 10\,000 \cdot \frac{1{,}06 - 1}{1{,}06^5 - 1}$$

$$\approx 10\,000 \cdot \frac{0{,}06}{0{,}338}$$

$$\underline{\underline{r \approx 1\,775 \text{ DM}}}$$

b) Der Rentenbarwert

Eine Modifizierung der Fragestellung liegt darin, daß wir nicht den in der Zukunft liegenden Rentenendwert wissen wollen, sondern denjenigen Wert errechnen, den die Gesamtrente zum gegenwärtigen Zeitpunkt hat. Dieser Wert der Rente heißt Barwert und wird mit R_0 bezeichnet. Der Index weist wiederum auf den Zeitpunkt hin.

Da wir den Wert R_n zum Zeitpunkt n bereits formelmäßig erfaßt haben, brauchen wir diesen Wert nur auf den Zeitpunkt Null zu diskontieren, um R_0 zu erhalten.

(5)
$$\mathbf{R_0 = r \cdot \frac{1}{q^n} \cdot \frac{q^n - 1}{q - 1}}$$

Beispiele:

r = 1 000 DM, n = 7 Jahre, p = 5 %

3. Gesucht ist der Rentenbarwert.

$$R_0 = 1\,000 \cdot \frac{1}{1{,}05^7} \cdot \frac{1{,}05^7 - 1}{1{,}05 - 1}$$

$$\approx 1\,000 \cdot \frac{1}{1{,}407} \cdot \frac{1{,}407 - 1}{1{,}05 - 1}$$

$$\approx 1\,000 \cdot \frac{1}{1{,}407} \cdot \frac{0{,}407}{0{,}05}$$

$$\approx 5\,785 \text{ DM}$$

4. Mit welchem Betrag kann eine Rente von 10 nachschüssigen Jahresraten zu je 800,— DM gekauft werden (Zinsfuß 4 %)?

$$R_0 = 800 \cdot \frac{1}{1{,}04^{10}} \cdot \frac{1{,}04^{10} - 1}{1{,}04 - 1}$$

$$\approx 800 \cdot \frac{1}{1{,}480} \cdot \frac{1{,}480 - 1}{1{,}04 - 1}$$

$$R_0 \approx 6\,486 \text{ DM}$$

c) Die ewige Rente

Soll die Anzahl der zu zahlenden Rentenraten sehr groß sein ($n \to \infty$), so vereinfacht sich Formel (5) für den Barwert der Rente. Wir schreiben Formel (5) um:

$$R_0 = \frac{r}{q - 1} \cdot \frac{q^n - 1}{q^n}$$

Da $q > 1$, ist der Grenzwert des letzten Faktors gleich 1, denn $\frac{1}{q^n}$ bildet eine Nullfolge.

$$\lim_{n \to \infty} \frac{q^n - 1}{q^n} = \lim_{n \to \infty} (1 - \frac{1}{q^n}) = 1$$

So erhalten wir den Barwert für eine e w i g e R e n t e.

(6)
$$\boxed{R_0 = \frac{r}{q - 1}}$$

Wenn wir zum Zeitpunkt Null diesen Betrag R_0 zu p % anlegen, können wir *„ewig"* die Rentenrate r beziehen. Natürlich ist diese Rentenrate r nichts anderes, als die zum Zahlungszeitpunkt fälligen Zinsen. Diesen Zusammenhang erkennen wir auch an Formel (6), wenn wir sie geringfügig umstellen.

$$R_0 = \frac{r}{q - 1} = \frac{r}{\frac{p}{100}}$$

d. h. $r = R_0 \cdot \frac{p}{100}$

Damit ist r gleich den Zinsen. Werden diese abgehoben, so behält das Kapital stets den Wert R_0.

Der Barwert der ewigen Rente ist größer als die Barwerte der Renten, die eine endliche Anzahl von Rentenraten ausschütten (Übereinstimmung von r und q vorausgesetzt).

Beispiel:

5. Wie groß muß die Kapitalanlage für eine Stiftung sein, falls jährlich 10 000 DM ausgeschüttet werden (von Verwaltungskosten und dergleichen ist abzusehen)?

   p werde mit 5 % vorausgesetzt.

   $$R_0 = \frac{10\,000 \cdot 100}{5}$$

   $$\underline{\underline{R_0 = 200\,000 \text{ DM}}}$$

3. Tilgungsrechnung

Die geschilderten Abläufe lassen sich bei der *ratenweisen Tilgung* einer Schuld verwenden. Damit wir unmittelbar an die bereits angestellten Überlegungen anknüpfen können, setzen wir auch hier *nachschüssige Tilgung* an. Als Periodenlänge verwenden wir ebenfalls 1 Jahr. Damit erfolgen die Tilgungen zu den uns bereits bekannten Zeitpunkten 1, 2, 3, ... n.

Außer der eigentlichen Tilgungsrate, die die Höhe der Schuld vermindert, sind die jeweiligen Zinsen zu zahlen. Daher setzt sich jede Zahlung additiv aus Tilgungsrate und Zinsen zusammen. Diese Summe wird Annuität genannt.

a) Gleichbleibende Annuität

Setzen wir voraus, daß die Annuität während des gesamten Tilgungsvorganges konstant ist, können wir die Annuität als Rente auffassen und demgemäß die Formeln (4) bzw. (5) anwenden.

Damit die Schuld vollständig getilgt wird, muß der Barwert der Schuld gleich dem Barwert der aus den Annuitäten bestehenden Rente sein.

$$K_0 = r \cdot \frac{1}{q^n} \cdot \frac{q^n - 1}{q - 1}$$

(7)

$$\boxed{r = K_0 \cdot q^n \frac{q - 1}{q^n - 1}}$$

Konstante Annuität

r Annuität, K_0 Barwert der Schuld, n Anzahl der Tilgungen

Beispiel:

1. Eine Schuld von 25 000 DM zu 4 % soll mit 10 gleichen Annuitäten getilgt werden. Wieviel ist jeweils (nachschüssig) zu zahlen?

$$r = 25\,000 \cdot 1{,}04^{10} \cdot \frac{1{,}04 - 1}{1{,}04^{10} - 1}$$

$$\approx 25\,000 \cdot 1{,}480 \cdot \frac{0{,}04}{0{,}480}$$

$$\underline{\underline{r \approx 3\,083 \text{ DM}}}$$

b) Gleichbleibende Tilgungsrate

Soll dagegen die die Schuld vermindernde Tilgungsrate konstant gehalten werden, fallen die Zinsen mit jeder erfolgten Tilgung, denn das zu verzinsende Kapital nimmt laufend ab. Beträgt die Schuld zum Zeitpunkt Null K_0 und ist die Tilgungsrate T so eingerichtet, daß K_0 vollständig durch n Tilgungsraten nachschüssig getilgt ist, gilt die Beziehung

(8)

$$\boxed{T = \frac{1}{n} \cdot K_0}$$

Die Annuitäten erhalten wir, wenn wir die jeweiligen Jahreszinsen der Restschuld zur Tilgungsrate addieren.

Beispiel:

2. Eine Schuld von 25 000 DM zu 4 % soll in 10 gleichen Tilgungsraten getilgt werden. Wie groß sind die jeweiligen Zahlungen, die sich jeweils aus Rate und Zinsen zusammensetzen?

$$T = \frac{1}{10} \cdot 25\,000 = 2\,500$$

Zeitpunkt	T	Z	T + Z
1	2 500	1 000	3 500
2	2 500	900	3 400
3	2 500	800	3 300
.	.	.	.
.	.	.	.
.	.	.	.
9	2 500	200	2 700
10	2 500	100	2 600

4. Unterjährliche und stetige Verzinsung

a) Unterjährliche Verzinsung

Bisher hatten wir als Zinsperiode 1 Jahr vorausgesetzt. Wir verkleinern jetzt diesen Zeitraum. Von Bedeutung sind dabei besonders halbjährliche, vierteljährliche, monatliche, tägliche Zinszuschläge.

Nach wie vor ist die Zinsfußangabe p auf das Jahr bezogen.

Ist $\frac{1}{m}$ jährlicher Zinszuschlag (nachschüssig) vereinbart, dann ist der Aufzinsungsfaktor eine Potenz von $1 + \frac{p}{m \cdot 100}$, denn die Zinsen für jede Periode betragen $\frac{1}{m} \cdot p$ % vom jeweiligen Kapital. Damit ist das Anfangskapital K_0 innerhalb 1 Jahres durch m-malige Verzinsung angewachsen auf

$$K_1 = K_0 \cdot \left(1 + \frac{p}{m \cdot 100}\right)^m$$

Das Endkapital K_n erhalten wir gemäß den Regeln der Potenzrechnung

(9) $$K_n = K_0 \cdot \left(1 + \frac{p}{m \cdot 100}\right)^{m \cdot n}$$

Beispiele:

1. K_0 = 1000 DM; p = 6 %; m = 2 (d. h. halbjährliche Verzinsung)
   K_7 ist gesucht. (Vgl. Beispiel 1 Abschn. 1.)

$$K_7 = 1000 \cdot (1 + \frac{6}{2 \cdot 100})^{2 \cdot 7}$$
$$= 1000 \cdot 1{,}03^{14}$$
$$\left.\begin{aligned} &= 1000 \cdot 1{,}03^{10} \cdot 1{,}03^{4} \\ &\approx 1000 \cdot 1{,}344 \cdot 1{,}126 \end{aligned}\right\} \text{da unsere Tabelle nur bis n = 10 reicht.}$$
$$\underline{\underline{K_7 \approx 1513 \text{ DM}}}$$

2. K_0 = 20 000 DM; p = 8 %; m = 4 (d. h. vierteljährliche Verzinsung)
   K_5 ist gesucht. (Vgl. Beispiel 2, Abschn. 1.)

$$K_5 = 20\,000 \cdot (1 + \frac{8}{4 \cdot 100})^{4 \cdot 5}$$
$$= 20\,000 \cdot 1{,}02^{20}$$
$$= 20\,000 \cdot 1{,}02^{10} \cdot 1{,}02^{10}$$
$$\approx 20\,000 \cdot 1{,}219 \cdot 1{,}219$$
$$\approx 20\,000 \cdot 1{,}486$$
$$\underline{\underline{K_5 \approx 29\,720 \text{ DM}}}$$

b) Stetige Verzinsung

Dieser Abschnitt hat für theoretische Betrachtungen einen hohen Wert. Die sich hierbei ergebenden Resultate sind nicht nur für die Finanzmathematik, sondern besonders auch für die mathematische Statistik von großer Bedeutung.

Wir wollen jetzt den unterjährlichen Zeitabschnitt $\frac{1}{m}$ Jahr gegen Null, bzw. die Anzahl der jährlichen Zinszuschläge m gegen Unendlich gehen lassen.

$$\frac{1}{m} \rightarrow 0 \quad \text{falls } m \rightarrow \infty$$

Da hiermit in jedem Augenblick ein Zinszuschlag erfolgt, sprechen wir in diesem Falle von s t e t i g e r V e r z i n s u n g.

Um den geforderten Grenzübergang vornehmen zu können, betrachten wir zunächst Formel (9) unter erleichternden Bedingungen:

Wir setzen K_0 = 1 (DM), p = 100 (%), n = 1 (Jahr). Damit erhalten wir

$$K_1 = f(m) = \left(1 + \frac{1}{m}\right)^m$$

K_1 hängt jetzt nur noch von der Variablen m ab. Falls m gegen Unendlich geht, unterliegt K_1 gleichzeitig zwei gegensetzlichen Einflüssen.

Jeder Einfluß für sich betrachtet ergibt folgendes Bild:

1. m steht im Nenner, mit wachsendem m verkleinert sich der Term.
2. m steht im Exponenten, mit wachsendem m vergrößert sich der Term.

Zusammengenommen ergeben hier beide Einflüsse eine schwach steigende, aber beschränkte Folge.

m	1	2	10	100	1000	10 000
f (m)	2	2,25	2,59	2,70	2,717	2,7181

Der Grenzwert liegt bei 2,7 183 ...

Diese Zahl ist eine Irrationalzahl (wie z. B. $\sqrt{2}$) und hat wegen ihrer Wichtigkeit die Kurzbezeichnung e.

(10)
$$\lim_{m \to \infty} \left(1 + \frac{1}{m}\right)^m = e$$
$$e \approx 2{,}7183\ldots$$

Jetzt können wir Formel (9) ohne einschränkende Bedingungen dem Grenzprozeß $m \to \infty$ aussetzen.

(9)
$$K_n = K_0 \left(1 + \frac{p}{m \cdot 100}\right)^{m \cdot n}$$

Zur Erleichterung führen wir für m die *Hilfsvariable* s durch folgende Substitution ein:

$$s = \frac{100}{p} \cdot m \text{ bzw. } m = \frac{p}{100} \cdot s$$

Damit erhält die Klammer $(1 + \frac{p}{m \cdot 100})$ wieder — wie in Beziehung (10) — die Struktur $(1 + \frac{1}{s})$.

Der Exponent $m \cdot n$ geht dann (nach Umstellung der Faktoren) in das Produkt $s \cdot \frac{p}{100} \cdot n$ über. Die gesamte Formel (9) hat dann die Gestalt

$$K_n = K_0 \cdot \left(1 + \frac{1}{s}\right)^{s \cdot \frac{p}{100} \cdot n}$$

Nach den Regeln der Potenzrechnung dürfen wir eine Klammer einfügen.

$$K_n = K_0 \cdot \left[\left(1 + \frac{1}{s}\right)^s\right]^{\frac{p}{100} \cdot n}$$

Durch den Grenzwertprozeß wird nur das Innere der eckigen Klammer erfaßt, da anstatt $m \rightarrow \infty$ jetzt $s \rightarrow \infty$ gilt. Der Grenzwert der eckigen Klammer ist e und damit erhalten wir den Limes des Gesamtausdruckes zu $K_0 \cdot e^{\frac{p}{100} \cdot n}$

$$\lim_{m \to \infty} K_0 \cdot \left(1 + \frac{p}{m \cdot 100}\right)^{mn} = K_0 \cdot e^{\frac{p}{100} \cdot n}$$

Damit ergibt sich für das Endkapital bei stetiger Verzinsung:

(11)
$$K_n = K_0 \cdot e^{\frac{p}{100} \cdot n}$$

Die Funktionswerte von $y = e^x$ können aus Tafelwerken entnommen werden. Eine kurzgefaßte Tabelle folgt nachstehend.

x	e^x	x	e^x	x	e^x
0,1	1,1052	1,1	3,0042	2,1	8,1662
0,2	1,2214	1,2	3,3201	2,2	9,0250
0,3	1,3499	1,3	3,6693	2,3	9,9742
0,4	1,4918	1,4	4,0552	2,4	11,023
0,5	1,6487	1,5	4,4817	2,5	12,183
0,6	1,8222	1,6	4,9530	2,6	13,464
0,7	2,0138	1,7	5,4739	2,7	14,880
0,8	2,2255	1,8	6,0497	2,8	16,445
0,9	2,4596	1,9	6,6859	2,9	18,174
1,0	2,7183	2,0	7,3891	3,0	20,086

Die stetige Verzinsung wird besonders bei organischen Wachstums- bzw. Zerfallsvorgängen angewendet (Vermehrung des Holzbestandes eines Waldes, Radioaktiver Zerfall usw.).

Da der jährliche Zinsertrag eines Kapitals mit der Anzahl m der unterjährlichen Zinsperioden steigt (bei gleichen p), stellt die stetige Verzinsung hierfür die obere Grenze dar.

Beispiel:

3. $K_0 = 20\,000$ DM; $p = 8\,\%$

K_5 ist gesucht (stetige Verzinsung)

$K_5 = 20\,000\ e^{0{,}08 \cdot 5}$

$= 20\,000\ e^{0{,}4}$

$\approx 20\,000 \cdot 1{,}4918$

$\underline{\underline{K_5 \approx 29\,836 \text{ DM}}}$

(Vgl. Beispiel 2, Abschn. 1, und Beispiel 2, Abschn. 4 a.)

5. Übungen

1. Ein Kapital hat zum Zeitpunkt 6 den Wert 10 000 DM.
   a) Wie groß ist der Barwert?
   b) Wie groß ist es zum Zeitpunkt 10?
   (p = 6 %, Zinsperiode ist ein Jahr, nachschüssiger Zinszuschlag)

2. Ein Kapital beträgt zum Zeitpunkt Null 25 000 DM. Wieviel ist nach 10 Jahren noch vorhanden, falls 10 nachschüssige Rentenraten von je 1000 DM abgehoben wurden?
   (p = 5 %, sonst wie Aufg. 1)

3. Welcher auf 1 Jahr bezogener Zinsfuß entspricht der Zinsvorschrift 4 % pro Vierteljahr?

4. Stellen Sie die Funktion $y = e^x$ im Intervall $-2 \leqq x \leqq 2{,}5$ graphisch dar!

Lösungen der Übungen zu VI. 11

(1) a) II, b) I, c) III, d) II

(2) a) 3069, b) 460, c) 1,25, d) $\frac{5}{6}$

(3) a) 1,5, b) 1,5, c) 0, d) divergent

(4) a) $-\infty < x < -5, \quad -5 < x < 5, \quad 5 < x < \infty$
b) $-\infty < x \leqq -5, \quad 5 \leqq x < \infty$
c) $-\infty < x < -5, \quad 5 < x < \infty$

(5) zu 4a)

1. Intervall	$y \to 0 + 0$	für	$x \to -\infty$
	$y \to \infty$	für	$x \to -5 - 0$
2. Intervall	$y \to -\infty$	für	$x \to -5 + 0$
	$y \to -\infty$	für	$x \to 5 - 0$
3. Intervall	$y \to \infty$	für	$x \to 5 + 0$
	$y \to 0 + 0$	für	$x \to +\infty$

zu 4b) 1. Intervall	$y \to \infty$	für $x \to -\infty$	
	$y = 0$	für $x = -5$	
2. Intervall	$y = 0$	für $x = 5$	
	$y \to \infty$	für $x \to \infty$	

zu 4c) 1. Intervall	$y \to 0 + 0$	für $x \to -\infty$	
	$y \to \infty$	für $x \to -5 - 0$	
2. Intervall	$y \to \infty$	für $x \to 5 + 0$	
	$y \to 0 + 0$	für $x \to \infty$	

(6) a) Unstetig für $x = 0$ und $x = 1$

b) Stetig

c) Unstetig bei $x = 1$ (Sprung)

VIII. Differentialrechnung

1. Die Fragestellung der Differentialrechnung

Die Differentialrechnung ist ein Teil der Funktionenlehre. Bisher haben wir uns mit folgenden wichtigen Abschnitten der Funktionenlehre befaßt:

Die Definition der Funktion als Zuordnungsvorschrift

Wir ordneten jeder Zahl x aus einem Intervall (Abschnitt der x-Achse) genau ein Element y aus einem Intervall (Abschnitt der y-Achse) zu. Die Zuordnung erfolgte in der Regel durch eine Funktionsgleichung $y = f(x)$. Die so gebildeten Paare (x, y) erfaßten wir in einer Tabelle und stellten sie graphisch als Punktmenge im Koordinatensystem dar. *In diesem Abschnitt lag das Schwergewicht auf der Zuordnung von Werten.*

Die Stetigkeit von Funktionen

Wir betrachteten ein Intervall von x-Werten. Es handelte sich bei der graphischen Darstellung um ein zusammenhängendes Gebiet der x-Achse. Zu jedem x-Wert dieses Intervalles fanden wir einen y-Wert. Die graphische Darstellung ergab ein zusammenhängendes Kurvenstück. Wenn wir von einem bestimmten x-Wert zu einem benachbarten x-Wert übergingen, so gelangten wir von dem zugeordneten y-Wert zu einem benachbarten y-Wert. Wir machten uns klar, daß die betreffende Kurve keine Unterbrechung erfuhr. Der Vorgang der Zuordnung von y-Werten zu x-Werten war nicht mehr das ausschließliche Problem, sondern es kam *als Schwerpunkt in diesem Abschnitt des „Benachbartsein“ von Wertepaaren (Punkten) hinzu.*

In der Differentialrechnung beschränken wir uns nur auf stetige Funktionen.

Bei der Stetigkeit kam es lediglich darauf an, daß y zu einem Nachbarwert übergeht, falls x ein wenig verändert wird. Die Differentialrechnung untersucht nun den Zusammenhang dieser Veränderungen.

Das Problem der Differentialrechnung besteht darin, ein Meßverfahren für die Auswirkungen von (kleinen) Veränderungen eines x-Wertes auf den zugeordneten y-Wert zu entwickeln.

Weitere Einzelheiten zu dieser Frage wollen wir uns an dem folgenden Beispiel klarmachen.

Beispiel: Die Fläche eines Quadrates ist eine Funktion seiner Seitenlänge x

$$y = f(x) = x^2$$

Vergrößern wir jetzt die Seitenlänge x um den kleinen positiven Wert h, so wächst die Fläche auf

$$f(x+h) = (x+h)^2$$
$$= x^2 + 2hx + h^2$$

Damit ist die Veränderung der Fläche:

$$f(x+h) - f(x) = 2hx + h^2 = h(2x+h).$$

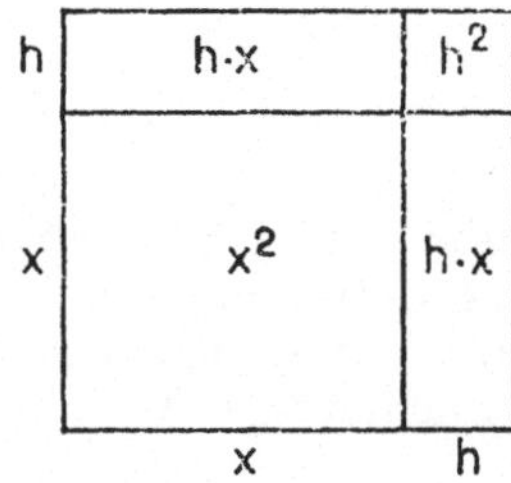

Abb. 42: Veränderung einer quadratischen Fläche

Diese Veränderung der abhängigen Variablen y wird jetzt verglichen mit der Veränderung h der unabhängigen Variablen x. Als Vergleichsverfahren wählen wir das Verhältnis:

(1)
$$\boxed{\frac{\Delta y}{\Delta x} = \frac{f(x+h) - f(x)}{h}}$$

Im Zähler dieses Quotienten steht die Differenz der y-Werte (wir verwenden als Symbol den griechischen Großbuchstaben Δ und lesen „Delta Ypsilon"). Im Nenner steht die Differenz (Veränderung) des x-Wertes $\Delta x = x + h - x = h$ (wir lesen Delta x).

Der Quotient (1) heißt Differenzenquotient. Der Differenzenquotient bildet den Ausgangspunkt der rechnerischen Umformungen der Differentialrechnung.

In unserem Beispiel beträgt der Differenzenquotient

$$\frac{\Delta y}{\Delta x} = \frac{f(x+h) - f(x)}{h} = 2x + h$$

Wir sehen an der rechten Seite der Gleichung, daß der Differenzenquotient fast der Zahl 2x entspricht, denn h sollte ein kleiner Wert sein.

Der *Limes* (Grenzwert) des Differenzenquotienten (falls h fortlaufend kleiner gemacht wird) ist demnach 2x.

$$\frac{\Delta y}{\Delta x} \rightarrow 2x \qquad \text{für} \quad h \rightarrow 0$$

bzw. $$\lim_{h \rightarrow 0} \frac{\Delta y}{\Delta x} = 2x$$

Praktisch bedeutet dieses, daß wir h in der Summe $2x + h$ vernachlässigen können.

Es gilt also $\frac{\Delta y}{\Delta x} \approx 2x$

(wobei wir das Zeichen $\approx$ als „näherungsweise gleich“ bzw. „ungefähr gleich“ lesen).

Folgerung $\Delta y \approx 2x \cdot \Delta x$.

Also ist die Veränderung der Fläche Δy näherungsweise gleich dem doppelten Produkt aus ursprünglicher Seitenlänge x und der Veränderung der Seitenlänge $\Delta x = h$. Dieses Resultat läßt sich bereits an der Abb. 42 ablesen. (Ist h klein, so können wir h^2 vernachlässigen.)

Haben wir z. B. die Seitenlänge $x = 10$, so erhalten wir die Fläche $y = f(10) = 10^2 = 100$.

Vergrößern wir die Seitenlänge um $\Delta x = h = 0{,}3$, so vergrößert sich die Fläche näherungsweise um $\Delta y \approx 2 \cdot 10 \cdot 0{,}3 = 6$. Also ist die Fläche nach einer Vergrößerung der Seitenlänge auf 10,3 ungefähr $y = 100 + \Delta y \approx 106$.

(Die genaue Rechnung führt zu $y = 100{,}3^2 = 106{,}09$. Wir sehen, der Fehler ist kleiner als 1 Promille).

Fassen wir nun zusammen, welche Verfahren dieses Beispiels als Differentialrechnung bezeichnet werden. Wir ordnen einer gegebenen Funktion

$y = f(x)$
(im Beispiel $y = x^2$)

eine zweite Funktion zu. Wir nennen diese 2. Funktion

$y' = f'(x)$
(Wir lesen „y Strich“ gleich „f Strich von x“.)
(In unserem Beispiel war $y' = 2x$).

Der Zuordnungsmechanismus besteht darin, daß wir $y' = f'(x)$ als Grenzwert des Differenzenquotienten der gegebenen Funktion $y = f(x)$ bestimmen.

(2)
$$f'(x) = \lim_{\Delta x \to 0} \frac{\Delta y}{\Delta x} = \lim_{h \to 0} \frac{f(x+h) - f(x)}{h}$$

Das Aufsuchen der durch (2) gekennzeichneten Funktion $y' = f'(x)$ ist die Grundaufgabe der Differentialrechnung. Der Prozeß, dem die Ausgangsfunktion $y = f(x)$ dabei unterworfen wird, heißt **Differentiation** (oder *Ableitung*). Die dabei ausgeübte Tätigkeit heißt **differenzieren** (oder *„ableiten“*).

Das Differenzieren einer *gegebenen Funktion,* die in diesem Zusammenhang auch *Stammfunktion* genannt wird, ist also ein Prozeß, der in den folgenden Stufen abläuft:

Start	(„Rohstoff“) *Stammfunktion* **y = f(x)**
1. Stufe	Einen anderen x-Wert als beim Start wählen: **x + h**
2. Stufe	Differenzenquotienten bilden, siehe (1)
3. Stufe	Grenzwert des Differenzenquotienten vornehmen
Ende	(„Endprodukt“) *Ableitung* **y' = f'(x)**

Beispiele:

I.

Start $y = f(x) = x^3$

1. Stufe $f(x+h) = (x+h)^3 = x^3 + 3x^2h + 3xh^2 + h^3$

2. Stufe
$$\begin{aligned} \Delta y &= f(x+h) - f(x) \\ &= x^3 + 3x^2h + 3xh^2 + h^3 - x^3 \\ &= 3x^2h + 3xh^2 + h^3 \\ &= h(3x^2 + 3xh + h^2) \end{aligned}$$

$$\frac{\Delta y}{\Delta x} = 3x^2 + 3xh + h^2 \quad (\text{denn } \Delta x = h)$$

3. Stufe $\lim\limits_{\Delta x \to 0} \frac{\Delta y}{\Delta x} = 3x^2$

Ende $y' = f'(x) = 3x^2$

II.

Start $y = f(x) = x$

1. Stufe $f(x+h) = x + h$

2. Stufe
$$\begin{aligned} \Delta y &= f(x+h) - f(x) = x + h - x \\ &= h \end{aligned}$$

$$\frac{\Delta y}{\Delta x} = \frac{h}{h} = 1$$

3. Stufe entfällt, es ist kein Grenzübergang nötig, der Differenzenquotient ist unabhängig von h.

Ende $y' = f'(x) = 1$

III.

Start $y = a = \text{konst.}$

1. Stufe $f(x+h) = a$ (die Funktion verändert sich nicht!)

2. Stufe $\Delta y = a - a = 0$

3. Stufe entfällt

Ende $y' = 0$

2. Das Tangentenproblem

Wir wollen uns nun das Differenzieren einer Funktion mit Hilfe der graphischen Darstellung veranschaulichen. Dabei kommen wir auch zum Begriff des **Differentials**, das dem Gesamtgebiet den Namen gegeben hat. Wir müssen zunächst drei Fragen klären:

a) *Welche geometrische Bedeutung hat der Differenzenquotient?*

b) *Welchem geometrischen Vorgang entspricht der Grenzübergang $h \to 0$?*

c) *Welche geometrische Deutung können wir der Ableitung $y' = f'(x)$ geben?*

a) Die geometrische Bedeutung des Differenzenquotienten

Der Zähler des Differenzenquotienten ist

$$\Delta y = f(x + h) - f(x).$$

Er mißt die Veränderung der Funktion, falls die unabhängige Variable um h wächst (von x auf x + h). Wir haben es also auf der Kurve mit zwei Kurvenpunkten zu tun:

1. Punkt (Ausgangspunkt, vor der Veränderung)

Wir nennen ihn P. Er hat die Abszisse x und die Ordinate f (x). (Siehe Abb. 43).

2. Punkt (Endpunkt, nach der Veränderung)

Wir nennen ihn Q. Er hat die Abszisse x + h und demnach die Ordinate f (x + h). (Siehe Abb. 43).

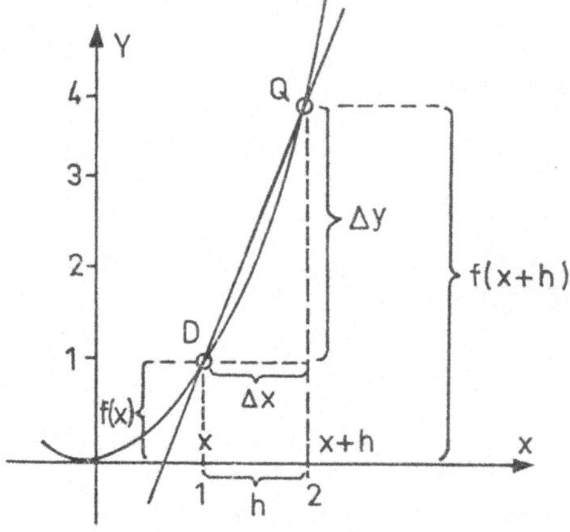

Folgende Werte wurden für die Zeichnung angenommen:

$f(x) = x^2$

P: $x = 1$ also $f(1) = 1$

Q: $x+h = 2$ also $f(2) = 4$ (h ist also 1)

Δy ist 3

Abb. 43: Anstieg der Sekante

An der Zeichnung lassen sich die Werte für Δy und Δx ablesen. Der Differenzenquotient $\frac{\Delta y}{\Delta x}$ mißt den Anstieg der durch P und Q verlaufenden Geraden. (Vgl. hierzu S. 59 ff.) Diese Gerade heißt **Sekante** (lat. secare: schneiden).

Der Differenzenquotient (1) gibt also den Anstieg einer Sekante an.

b) Die geometrische Analogie zum Grenzübergang $h \to 0$

Die in (2) vorgeschriebene Grenzbetrachtung $h \to 0$ läßt die zunächst vorgenommene Veränderung von x wieder kleiner werden. Damit rückt der Endpunkt Q näher an den als fest zu betrachtenden Anfangspunkt P heran. *Die durch P und Q verlaufende Sekante dreht sich um P* und wird schließlich im Grenzfall zur **Tangente** (lat. tangere: berühren).

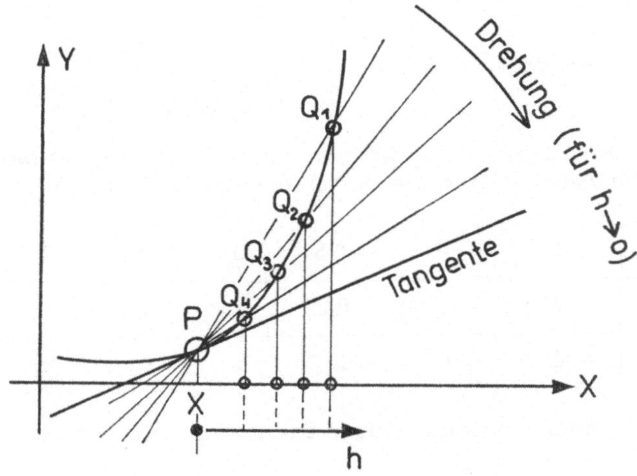

Abb. 44: Durch Drehung der Sekante entstehende Tangente

Da Q nun mit P zusammenfällt, hat die Tangente (in der Nachbarschaft von P) keinen weiteren Punkt als P mit der Kurve gemeinsam. P heißt in diesem Sinne **Berührungspunkt**. Die Tangente hat eine wichtige geometrische Aufgabe bei der Beschreibung einer Kurve: Mit ihrer Hilfe können wir den Anstieg der Kurve, der ja im allgemeinen von Punkt zu Punkt wechselt, im Berührungspunkt feststellen. Denn im Gegensatz zur Geraden haben wir bei einer Kurve nicht die einfache Möglichkeit, ein beliebiges Steigungsdreieck für die Bestimmung des Anstiegs heranzuziehen. Wir definieren also:

Unter dem Anstieg der Kurve in einem Punkt P verstehen wir den Anstieg der Tangente, die P als Berührungspunkt hat.

c) Die geometrische Deutung der Ableitung $y' = f'(x)$

In den beiden voranstehenden Abschnitten haben wir gesehen:

- Der Differenzenquotient mißt den Anstieg der Sekante.
- Die Sekante wird durch den Grenzübergang $h \to 0$ zur Tangente.

Da nun die Ableitung $y' = f'(x)$ durch den gleichen Grenzübergang $h \to 0$ aus dem Differenzenquotienten entsteht, gibt die Ableitung $y' = f'(x)$ den Anstieg der Tangente wieder.

Der Anstieg der Tangente ist aber gleich dem Anstieg der Kurve im Berührungspunkt. *Also gibt die Ableitung $y' = f'(x)$ den jeweiligen Anstieg der Kurve wieder.*

Beispiel

Die von uns differenzierte Funktion

$$y = x^2 \quad / \quad y' = f'(x) = 2x$$

hat als Kurve eine Parabel. Wir können nunmehr an der Funktion $y' = f'(x)$ erkennen, welche Anstiege für die verschiedenen Kurvenpunkte vorliegen.

Abszisse	x	—2	—1	—0,5	0	0,5	1	2	usw.
Ordinate	y	4	1	0,25	0	0,25	1	4	
Anstieg	y'	—4	—2	—1	0	1	2	4	

Wir sehen insbesondere, daß die Kurve für $x < 0$ fällt und für $x > 0$ steigt.

d) Das Differential

Die Ableitung $y' = f'(x)$ gibt für jeden x-Wert den Anstieg der zur Funktion $y = f(x)$ gehörenden Kurve wieder. Geometrisch wird das Differenzieren also durch das Anlegen einer Tangente und die Ermittlung ihres Anstiegs gelöst.

Dabei stimmt näherungsweise im Gebiet um den Berührungspunkt eine Strecke der Tangente mit einem Kurvenabschnitt überein.

In der Abbildung 45 erkennen wir, daß die Tangentenstrecke PT näherungsweise dem Kurvenabschnitt PQ entspricht. Die Näherung ist um so besser, je kleiner das betrachtetet Gebiet um den Berührungspunkt P gewählt wird. Die Größe dieses Gebietes läßt sich durch die Strecke PR charakterisieren. Ihre Länge ist nichts anderes als der Wert der weiter oben benutzten Hilfsvariablen $h = \Delta x$, der Abszissenveränderung. Hierzu gehört die Funktionsveränderung $\Delta y = QR$. Der Funktionsveränderung Δy kommt die Veränderung der Tangentenordinate TR sehr nahe (bezogen auf die gleiche Veränderung PR in Abszissenrichtung).

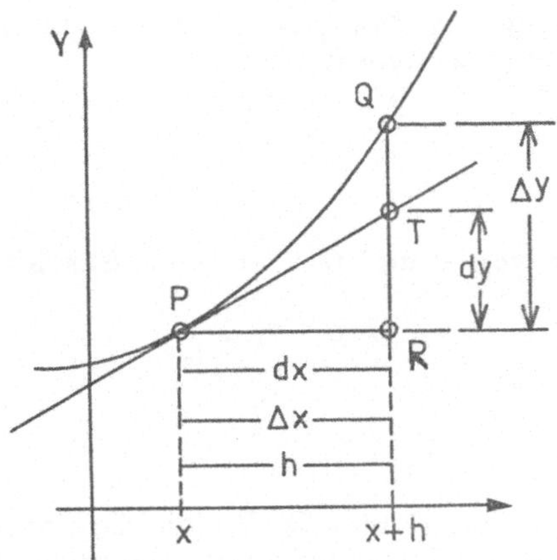

Abb. 45: Differenzen und Differentiale

Die Veränderung der Tangentenordinate heißt *Differential der Funktion* und wird mit dy bezeichnet. Das Differential dy ist eine Kathete im Steigungsdreieck PRT und mißt zusammen mit der anderen Kathete PR den Anstieg der Tangente. Die Kathete PR wird hier analog als dx bezeichnet.

Der Anstieg der Tangente ist also das Verhältnis dy : dx.

$\frac{dy}{dx}$ *heißt Differentialquotient*).*

Da der Tangentenanstieg gleich der Ableitung der Funktion ist, gilt für jede Tangente:

Der Differentialquotient ist gleich der Ableitung der Stammfunktion.

(3) $$\boxed{\frac{dy}{dx} = y' = f'(x)}$$

---

*) Wir lesen $\frac{dy}{dx}$: „de — ypsilon n a c h de — iks", dy bzw. dx ist wie Δy ein Symbol. Wir dürfen dy nicht mit „d mal y" verwechseln. Das „nach" wird im Sinne von „hinsichtlich" verwendet. Liegt z. B. eine Funktion von mehreren unabhängigen Variablen $z = f(x, y)$ vor, so können wir die Veränderung von z hinsichtlich („nach") der Veränderung von x oder hinsichtlich der Veränderung von y untersuchen. (Näheres über Differentiation bei mehreren Veränderlichen untersuchen wir in einem besonderen Abschnitt.)

Zusammenfassung der Symbole

h

Hilfsvariable, um von einem Kurvenpunkt P zu einem anderen Kurvenpunkt Q übergehen zu können. Abszissenveränderung.

Δx

Differenz der Abszissen von P und Q. Hat P die Abszisse x und Q die Abszisse $x + h$, so gilt

$$\Delta x = x + h - x = h$$

Δy

Differenz der Ordinaten von P und Q. Da die Ordinate eines Punktes durch Einsetzen der Abszisse in die Funktion gewonnen wird, gilt

$$\Delta y = f(x + h) - f(x)$$

$\frac{\Delta y}{\Delta x}$

Differenzenquotient, gibt den Anstieg der Sekante durch P und Q wieder.

$h \to 0$ bzw. $\Delta x = 0$

führt dazu, daß $\Delta y \to 0$

Geometrisch rückt Q nach P und die Sekante wird zur Tangente mit dem Berührungspunkt P. Die Grenzwertmethode ist deshalb erforderlich, da mit dem Quotienten $\frac{0}{0}$ rechnerisch nichts anzufangen ist.

dy

Differential der Variablen $y = f(x)$

$\frac{dy}{dx}$

Differentialquotient, gibt den Anstieg der Tangente an. I. A. sind dy und dx kleine (infinitesimale) Größen. Wählen wir $dx = \Delta x$, so gilt $dy \approx \Delta y$.

$y' = f'(x)$

Grenzwert des Differenzenquotienten

Da $\frac{dy}{dx} = y'$, ist der Differentialquotient ebenfalls Grenzwert des Differenzenquotienten.

Beispiel

Wir betrachten die Funktion

① $y = x^3$.

Ihre Ableitung beträgt

② $y' = 3x^2$.

Das Differential dy errechnet sich aus dem Differentialquotienten $\frac{dy}{dx} = y'$ und beträgt also hier

③ $dy = 3x^2 \cdot dx$.

Wir wählen nun einen x-Wert, etwa

$$x = 2 .$$

① liefert uns dazu den y-Wert, er ist

$$y = 2^3 = 8 .$$

Damit haben wir auf der zugehörigen Kurve einen Punkt festgelegt:

$$P\ (2/8) .$$

② liefert uns den Anstieg der Tangente im Punkt P und damit den Kurvenanstieg

$$y' = 3 \cdot 2^2 = 12 .$$

Welchen Einfluß hat ein Anwachsen von x um 1 Prozent?

1 % von x = 2 ist 0,02. Also ist

$$h = \Delta x = 0{,}02 .$$

Machen wir dx genausogroß, erhalten wir nach ③

$$dy = 12 \cdot 0{,}02 = 0{,}24 .$$

Die Zunahme der Funktion ist annähernd so groß

$$\Delta y \approx 0{,}24 .$$

Mithin gehört zu dem x-Wert x = 2,02 der y-Wert y = 8,24. (Die exakte Rechnung ergibt $y = 2{,}02^3 = 8{,}242408$.)

Weitere Werte sind in der folgenden Tabelle zusammengefaßt. Vorgegeben sind dabei x und dx. y, y′ und dy errechnen sich nach den Gleichungen ①, ② und ③. Zu bemerken ist, daß y und y′ nur von x abhängen, dagegen ist dy von x und dx abhängig.

x	—1	—1	0	0	1	1	2	2	3	3
dx	0,01	0,1	0,01	0,1	0,01	0,1	0,01	0,1	0,01	0,1
y	—1	—1	0	0	1	1	8	8	27	27
y′	3	3	0	0	3	3	12	12	27	27
dy	0,03	0,3	0	0	0,03	0,3	0,12	1,2	0,27	2,7

3. Übungen

a) Wir betrachten die Funktion $y = f(x) = \frac{1}{2} x^2$:

1. Wie groß ist f (2)?
2. Welchen Funktionswert erhalten wir für x = 4?
3. Wir wählen x = 1 und lassen x um h wachsen. Wie groß ist der Funktionswert vor und nach dem Anwachsen von x? Wie groß ist Δy?
4. Wie hängt Δy von x und von h ab (ohne daß wir einen gegebenen Zahlenwert für x verwenden)?
5. Welchen Zusammenhang mit x und h erhalten wir für den Differenzenquotienten $\frac{\Delta y}{\Delta x}$?
6. Welche Ableitung hat die betrachtete Funktion?

b) Wir betrachten die Funktion $y = f(x) = x^2 + x$ und untersuchen sie wie bei Aufgabe a) nach den Punkten 1. bis 6.

c) Wir betrachten die Funktion $y = f(x) = x^2$

Auf der zugehörigen Kurve liegt der Punkt P. Seine Abszisse ist x = 5. Von P aus erreichen wir den Kurvenpunkt Q, wenn wir den x-Wert von P um h = 0,5 vergrößern.

(1) Wie groß ist der Anstieg der Sekante durch P und Q?

(2) Wie groß ist der Anstieg der Tangente in P?

(3) Wie groß ist der Anstieg der Kurve in P?

(4) Wie groß ist dy (bezüglich P), falls dx = 0,5?

d) Wir betrachten die Funktion $y = f(x) = x^3$ und verfahren analog wie bei Aufgabe c).

Lösungen der Übungen VII. 5

1. a) 7047 DM b) 12 620 DM

2. 28 145 DM

3. 17,0 %

4.

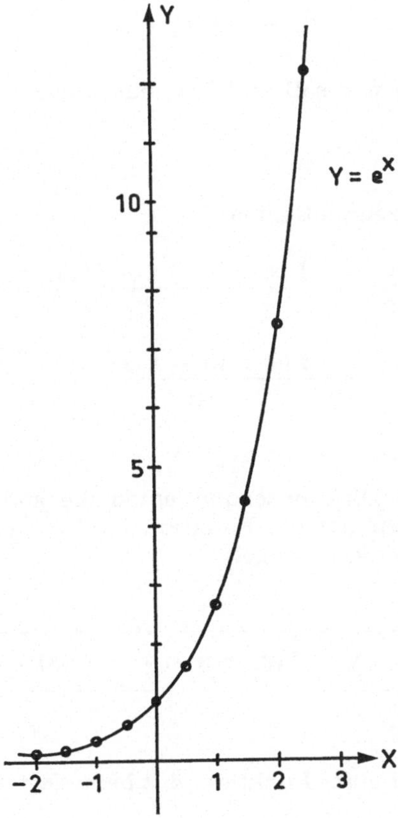

4. Die Rechenregeln der Differentialrechnung

In der elementaren Funktionslehre (Seite 54 ff.) hatten wir einige Grundtypen von mathematischen Funktionen kennengelernt. Sie waren (bis auf die Tangensfunktion) aus einfachen Bausteinen (Konstante, Variable) mit Hilfe der Grundrechnungsarten (Addition, Subtraktion, Multiplikation, Division) zusammengesetzt.

In diesem Abschnitt wollen wir das Differenzieren solcher zusammengesetzter Funktionen zurückführen auf das Differenzieren der Bausteine. Durch diese analytische Methode erhalten wir eine Vielzahl von Rechenregeln, die es uns ermöglicht, zusammengesetzte Funktionen zu differenzieren.

a) Der konstante Summand

Betrachten wir die Funktion

$$y = f(x) + a,$$

wobei a eine Konstante sein soll und f (x) eine Funktion, deren Ableitung f'(x) wir kennen.

Wir bilden den Differenzenquotienten:

$$\frac{\Delta y}{\Delta x} = \frac{f(x+h) + a - (f(x) + a)}{h}$$

$$= \frac{f(x+h) - f(x)}{h}$$

Wir sehen, daß sich im Differenzenquotienten die additive Konstante a wegsubtrahiert. Infolgedessen hat die Funktion f (x) + a dieselbe Ableitung wie f (x). Wir kommen so zur Rechenregel:

(4)

$$\boxed{y = f(x) + a \qquad y' = f'(x)}$$

Der konstante Summand einer Funktion fällt beim Differenzieren fort.

$$\text{z. B. } y = x^2 + 2$$
$$y' = 2x$$

Anmerkung:

Der konstante Summand bewirkt eine Parallelverschiebung der Kurve in Richtung der y-Achse. Die Tangentenrichtungen für Punkte mit gleicher Abszisse x bleiben dabei erhalten.

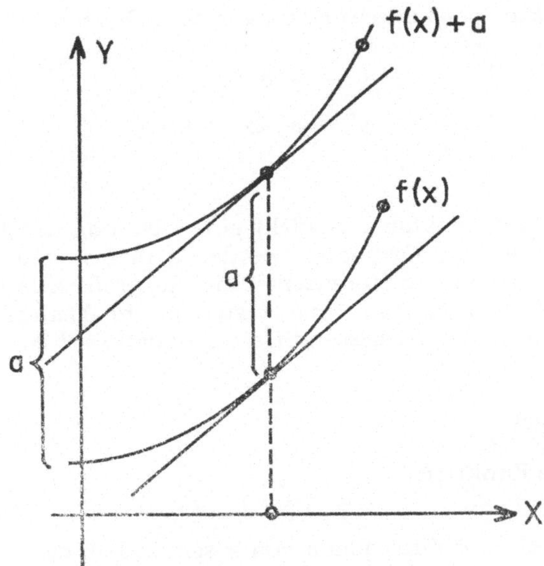

Abb. 46: Konstanter Summand

b) Der konstante Faktor

Betrachten wir die Funktion

$$y = a \cdot f(x)$$

wobei a wieder eine Konstante sein soll und f (x) eine Funktion, deren Ableitung f'(x) wir kennen.

Wir bilden den Differenzenquotienten

$$\frac{\Delta y}{\Delta x} = \frac{a \cdot f(x + h) - a \cdot f(x)}{h}$$

$$= a \cdot \frac{f(x + h) - f(x)}{h}$$

Wir sehen, dieser Differenzenquotient ist a mal so groß wie der Differenzenquotient der Funktion f (x). Infolgedessen ist auch sein Grenzwert a mal so groß wie der des Differenzenquotienten von f (x).

Rechenregel:

(5)

$$y = a \cdot f(x) \qquad y' = a \cdot f'(x)$$

Der konstante Faktor geht unverändert aus dem Differentiationsprozeß hervor.

Z. B.

$$y = 3x^2$$

$$y' = 3 \cdot 2x = 6x$$

Anmerkung:

Der konstante Faktor a bewirkt eine Dehnung der Kurve in Richtung der y-Achse. Alle Ordinaten werden a mal so groß. Insofern werden auch die Ordinatendifferenzen a mal so groß. Alle Geraden, auch die Tangenten, werden also a mal so steil, da ihr Anstieg als Verhältnis der Ordinaten- zu den Abszissendifferenzen definiert ist.

c) Die Summenregel

Betrachten wir die Funktion

$$y = u(x) + v(x),$$

wobei u(x) und v(x) zwei Funktionen von x sein sollen, deren Ableitungen u′(x) und v′(x) wir kennen.

Zahlenbeispiel für die Zeichnung (Abb. 47)

$$y = 0{,}25\,x^2 + 0{,}4\,x$$

Wir können uns die „Produktion" des y-Wertes aus dem „Rohstoff" x so vorstellen, daß wir zunächst in einer 1. „Produktionsstufe" die „Zwischenfabrikate" $u = 0{,}25\,x^2$ und $v = 0{,}4\,x$ „herstellen". Anschließend „fabrizieren" wir aus den „Zwischenfabrikaten" u und v das „Endprodukt" y.

x	$0{,}25\,x^2$	$0{,}4\,x$	y
0	0	0	0
1	0,25	0,4	0,65
2	1	0,8	1,8

In der Zeichnung erkennen wir, wie das „Endprodukt" y aus den entsprechenden „Zwischenprodukten" u und v hergestellt wird.

Weil sowohl y als auch u und v als Ordinaten auftreten, heißt das Verfahren Ordinatenaddition. Wir sehen, wenn x *um* $h = \Delta x$ (also *auf* $x + h$) wächst, so verändern sich alle drei erwähnten Ordinaten. Wir wählen für den Zuwachs von u bzw. v wieder die entsprechenden Symbole Δu bzw. Δv. Es ist an der Zeichnung abzulesen, daß

$$\Delta y = \Delta u + \Delta v$$

ist.

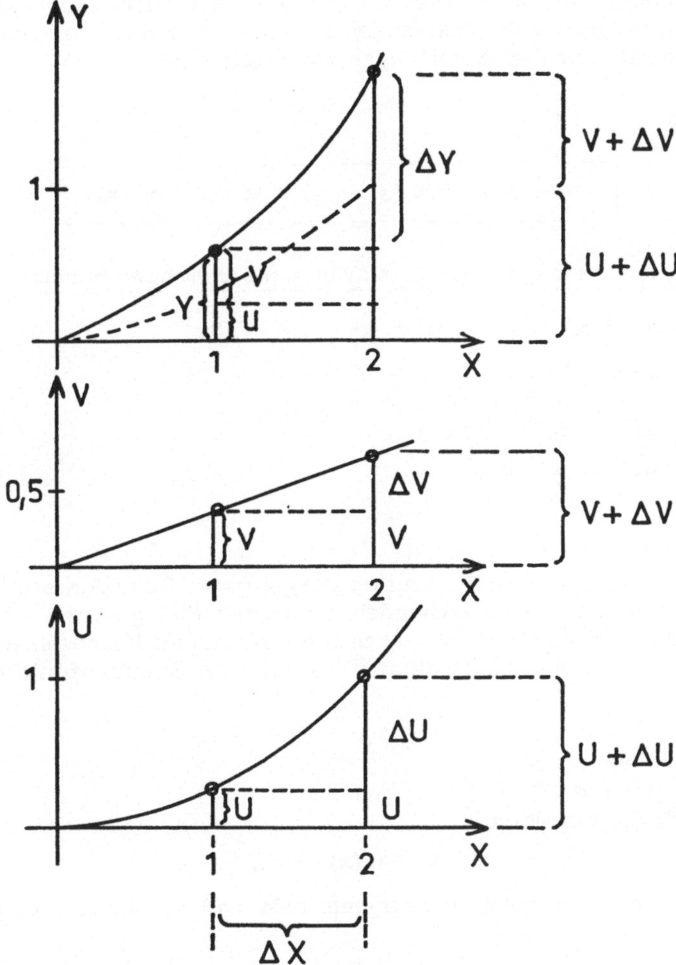

Abb. 47: Ordinatenaddition

Durch rechnerische Betrachtung gelangen wir zum gleichen Resultat

$$\begin{aligned}\Delta y &= f(x+h) - f(x)\\ &= u(x+h) + v(x+h) - [u(x) + v(x)]\\ &= u + \Delta u + v + \Delta v - [u + v]\\ &= \Delta u + \Delta v\end{aligned}$$

Um den Differenzenquotienten zu erhalten, dividieren wir durch Δx.

$$\frac{\Delta y}{\Delta x} = \frac{\Delta u}{\Delta x} + \frac{\Delta v}{\Delta x}$$

Der Diffenzenquotient setzt sich additiv aus den Differenzenquotienten der Funktionen u (x) und v (x) zusammen. Infolgedessen setzt sich auch die Ableitung von y additiv aus den Ableitungen von u und v zusammen.

Rechenregel:

(6) $$y = u(x) + v(x) \qquad y' = u'(x) + v'(x)$$

Eine additiv zusammengesetzte Funktion wird summandenweise differenziert.

Z. B. 1) $y = x^3 + x^2$ $\qquad u = x^3 \quad u' = 3x^2$

$y' = 3x^2 + 2x$ $\qquad v = x^2 \quad v' = 2x$

2) $y = 2x^3 + 3x^2 + 4x + 5$

$y' = 6x^2 + 6x + 4$

Anmerkung:

Die Kurve einer additiv zusammengesetzten Funktion ergibt sich durch Addition aller entsprechenden Ordinaten (bei gleichen Abszissen). Infolgedessen addieren sich auch die Ordinatendifferenzen der Summanden und ergeben die Ordinatendifferenz der Summenfunktion.

d) Die Produktregel

Betrachten wir die Funktion

$$y = u(x) \cdot v(x),$$

wobei u (x) und v (x) zwei Funktionen sein sollen, deren Ableitungen wir kennen.

Wir bilden den Differenzenquotienten.

Wie bei der Summenregel verwenden wir die folgenden Bezeichnungen:

Ursache: x wächst um Δx

Wirkungen: u wächst um Δu

v wächst um Δv

y wächst um Δy

Somit haben wir es nach diesem Anwachsen mit den Werten

$$u + \Delta u \qquad v + \Delta v \qquad y + \Delta y$$

zu tun.

Da es sich diesmal um die Produktfunktion

$$y = u \cdot v$$

handelt, ist

$$y + \Delta y = (u + \Delta u) \cdot (v + \Delta v)$$

(Im Gegensatz zur Summenfunktion ergibt das Produkt der Ordinaten der Funktionen u und v für entsprechende Abszissen die Ordinate der y-Funktion).

$$\begin{aligned} \Delta y &= (u + \Delta u) \cdot (v + \Delta v) - y \\ &= (u + \Delta u) \cdot (v + \Delta v) - uv \\ &= uv + v\Delta u + u\Delta v + \Delta u\Delta v - uv \\ &= v\Delta u + u\Delta v + \Delta u\Delta v \end{aligned}$$

Der Differenzenquotient ergibt sich aus der Division durch Δx

$$\frac{\Delta y}{\Delta x} = v \cdot \frac{\Delta u}{\Delta x} + u \cdot \frac{\Delta v}{\Delta x} + \Delta u \cdot \frac{\Delta v}{\Delta x}$$

Hierbei sind $\frac{\Delta u}{\Delta x}$ und $\frac{\Delta v}{\Delta x}$ die Differenzenquotienten von u und v, die beim Grenzübergang $\Delta x \to 0$ zu $u'(x)$ und $v'(x)$ werden. Berücksichtigen wir obendrein, daß $\Delta u \to 0$, wenn $\Delta x \to 0$, so erhalten wir

$$\begin{aligned} y' &= v \cdot u' + u \cdot v' + 0 \cdot v' \\ &= v \cdot u' + u \cdot v' \end{aligned}$$

Rechenregel:

(7)

$$y = u(x) \cdot v(x) \qquad y' = v(x) \cdot u'(x) + u(x) \cdot v'(x)$$

Die Ableitung einer Produktfunktion erhalten wir, indem wir die Ableitung des 1. Faktors mit dem (nicht abgeleiteten) 2. Faktor multiplizieren und dazu das Produkt aus der Ableitung des 2. Faktors und dem (nicht abgeleiteten) 1. Faktor addieren.

Beispiele:

1) $y = x^3 = x \cdot x^2 \qquad u = x \qquad u' = 1$

$y' = x^2 \cdot 1 + x \cdot 2x \qquad v = x^2 \qquad v' = 2x$

$= 3x^2$ (ein Resultat, das wir schon direkt ermittelt hatten)

2) $y = x^4 = x^2 \cdot x^2 \qquad u = x^2 \qquad u' = 2x$

$y' = x^2 \cdot 2x + x^2 \cdot 2x = 4x^3 \qquad v = x^2 \qquad v' = 2x$

3) $y = x^5 = x^2 \cdot x^3$

$y' = x^3 \cdot 2x + x^2 \cdot 3x^2 = 5x^4$

4) $y = (2x^2 - 7) \cdot (3x^3 + 4x)$ $\quad u = 2x^2 - 7 \quad u' = 4x$

$v = 3x^3 + 4x \quad v' = 6x^2 + 4$

$y' = (3x^2 + 4x) \cdot 4x + (2x^2 - 7)(6x^2 + 4)$

Anmerkung

Wir müssen darauf achten, daß eine Analogie zur Summenregel nicht vorliegt. Die Beziehung $y' = u' \cdot v'$ ist falsch. Die algebraische Kompliziertheit der Produktregel ergibt sich daraus, daß der jeweilige Zuwachs Δu bzw. Δv additiv zu u bzw. v eingefügt wird, danach aber die Summen $u + \Delta u$ und $v + \Delta v$ multiplikativ verknüpft werden.

e) Die Quotientenregel

Betrachten wir die Funktion

$$y = \frac{u(x)}{v(x)},$$

wobei u (x) und v (x) zwei Funktionen sein sollen, deren Ableitungen wir kennen. Wir führen diesen Fall auf die Produktregel zurück.

$$u = y \cdot v$$
$$u' = v y' + y v'$$
$$vy' = u' - y v'$$
$$= u' - \frac{u}{v} v'$$
$$= \frac{v u' - u v'}{v}$$

(8)
$$\boxed{y' = \frac{v u' - u v'}{v^2}}$$

Beispiele:

1) $y = \dfrac{1 + x}{x}$ $\quad u = 1 + x \quad u' = 1$

$v = x \quad v' = 1$

$$y' = \frac{x \cdot 1 - (1 + x) \cdot 1}{x^2} = \frac{x - 1 - x}{x^2} = -\frac{1}{x^2}$$

2) $y = \dfrac{1}{x^2}$ $\quad u = 1 \quad u' = 0$

$v = x^2 \quad v' = 2x$

$$y' = \frac{x^2 \cdot 0 - 1 \cdot 2x}{x^4} = -\frac{2}{x^3}$$

f) Die Ableitung der Potenzfunktion

Wir nennen eine Funktion der Bauart

$$y = f(x) = x^n \qquad \text{(n natürliche Zahl)}$$

Potenzfunktion. Wir beschränken uns in diesem Abschnitt auf natürliche Zahlen als Exponenten, obwohl die aufgestelte Regel für alle Exponenten gilt, die nicht gleich Null sind.

Im Verlauf unserer Betrachtungen haben wir u. a. die folgenden Funktionen und die dazu gehörenden Ableitungen kennengelernt:

$$y = x^2 \qquad y' = 2x$$
$$y = x^3 \qquad y' = 3x^2$$
$$y = x^4 \qquad y' = 4x^3$$

An Hand dieser Zusammenstellung läßt sich eine Regelmäßigkeit vermuten. Wir würden uns z. B. nicht scheuen, für die Funktion

$$y = x^5$$

sofort als entsprechende Ableitung

$$y' = 5x^4$$

in Fortführung der obenstehenden Beispiele anzugeben. Jedoch ist dies zunächst rein spekulativ. Die hierbei betriebene Schlußweise wird als

Induktionsschluß

(oder kurz Induktion) bezeichnet. Der Fachausdruck Induktion wird in diesem Zusammenhang stets verwendet, wenn man vom Besonderen aufs Allgemeine schließt.

Das Allgemeine wäre in unserem Falle die folgende
Potenzregel:

Die Funktion $y = x^n$ (wobei n eine natürliche Zahl sein soll) hat als Ableitung $y' = n\,x^{n-1}$

Nun birgt jeder Induktionsschluß in sich eine große Gefahr: Er kann nämlich falsch sein. Die an ein paar Fällen erkannte Eigenschaft braucht auf andere, verwandte Fälle nicht zuzutreffen.

Beispiel (für falsche Induktion)

Vorbereitung:
1. Die Zahlen 3; 5; 7 sind ungerade Zahlen.
2. Dieselben Zahlen sind Primzahlen (natürliche Zahlen, die nur durch sich selbst ohne Rest teilbar sind).

Induktionsschluß: Alle ungeraden Zahlen sind Primzahlen.
Dieser Schluß ist falsch. Um das einzusehen, genügt ein Gegenbeispiel. (9 ist ungerade, aber keine Primzahl, 9 läßt sich durch 3 ohne Rest teilen.)

Nun gibt es eine Möglichkeit, für die Richtigkeit des Induktionsschlusses zu sorgen: Man muß erwiesenermaßen alle durch die Behauptung erfaßten Fälle als wahre Aussagen erkennen. Zu diesem Zweck verwenden wir das mathematische Beweisverfahren der

vollständigen Induktion.

Der Angelpunkt des Verfahrens liegt darin, dafür Sorge zu tragen, daß *alle* in die Behauptung eingeschlossenen Fälle durch die Beweismethode berücksichtigt werden. Dies gelingt dadurch, daß jeder Fall umkehrbar eindeutig einer natürlichen Zahl zugeordnet ist. Wir erfassen also alle Fälle, indem wir alle natürlichen Zahlen durchgehen, aber selbstverständlich nur in Gedanken, denn es würde uns zeitlich nicht gelingen, diese unendlich vielen Fälle in Wirklichkeit zu erfassen.

Verfahren der vollständigen Induktion

1. Stufe: Wir bestätigen die Richtigkeit der in Frage stehenden Beziehung für den 1. Fall (Gültigkeit für die natürliche Zahl 1).

2. Stufe: Wir klären folgendes:

Angenommen, der Fall mit der natürlichen Zahl m ist richtig, dann ist der Fall mit der auf m folgenden Zahl m+1 auch richtig.

Wir müssen also untersuchen, ob sich aus der *angenommenen* Richtigkeit der Beziehung für die beliebige natürliche Zahl m die Gültigkeit für die nächste natürliche Zahl folgern läßt. (Es ist wesentlich für das Verfahren, daß hier mit der anonymen Zahl m gearbeitet wird.)

Ist dieser Nachweis gelungen, kann die vollständige Induktion durchgeführt werden. Die erforderlichen Gedankengänge bilden die 3. Stufe.

3. Stufe:

1. Schritt: Jetzt setzen wir $m = 1$. Da für diese natürliche Zahl lt. Stufe 1 alles geklärt ist, ist die Annahme der 2. Stufe hinsichtlich dieser natürlichen Zahl berechtigt. Damit ist der Fall mit der nächsten natürlichen Zahl $m + 1 = 2$ ebenfalls richtig.

2. Schritt: Abweichend vom 1. Schritt verfügen wir jetzt über m, indem wir $m = 2$ setzen. Jetzt wiederholen wir die Überlegungen des 1. Schrittes. Damit ist die Richtigkeit der Beziehung für die natürliche Zahl 3 gesichert.

3. Schritt: $m = 3$, dann analog wie oben.

4. Schritt: $m = 4$, dann analog wie oben.

usw.

Schlußstufe: Wir stellen nun fest, daß wir die Überlegungen der 3. Stufe nicht tatsächlich im einzelnen ausführen müssen. Es genügt nämlich, zu erkennen, daß die Ausführbarkeit aller Schritte der 3. Stufe durch die Ergebnisse der ersten beiden Stufen gesichert ist.

Anwendung des Verfahrens

Behauptung: Aus $y = x^n$ folgt $y' = n\,x^{n-1}$

Beweis (durch vollständige Induktion):

1. Stufe: Die Behauptung ist richtig für $n = 1$.

Aus $y = x^1$ folgt tatsächlich $y' = 1 \cdot x^{1-1} = 1$, s. Beispiel II aus VIII 1.

2. Stufe:

Induktionsannahme:

Die Behauptung ist richtig für $n = m$.

$y = x^m$ hat also nach dieser Annahme die Ableitung $y' = m\,x^{m-1}$.

Daraus ergibt sich nach der anschließenden kurzen Rechnung, daß die Behauptung ebenfalls für $n = m + 1$ richtig ist.

Rechnung:

Wir leiten

$$y = x^{m+1} = x \cdot x^m$$

mit Hilfe der Produktregel ab.

$$\begin{aligned} u &= x \qquad & u' &= 1 \\ v &= x^m \qquad & v' &= m\,x^{m-1} \end{aligned}$$

(Die letzte Zeile ist gerade unsere Annahme!)

$$\begin{aligned} y' &= v \cdot u' + u \cdot v' \\ &= x^m \cdot 1 + x \cdot m\,x^{m-1} \\ &= x^m + m\,x^m \\ &= (m+1)\,x^m \end{aligned}$$

Dieses ist das gewünschte Ergebnis. Denn ersetzen wir das n in der Behauptung durch $m + 1$, so erhalten wir genau dasselbe.

Wir können also feststellen, aus der *angenommenen* Richtigkeit der Behauptung für $n = m$ folgt ihre Richtigkeit für $n = m + 1$. Oder anders ausgedrückt: Falls die Beziehung für eine gewisse natürliche Zahl richtig ist, dann ist sie auch für die darauf folgende Zahl richtig.

3. Stufe: Da die Beziehung aber für die Zahl $n = 1$ richtig ist, ist sie auch für $n = 2$ richtig, also auch für $n = 3$, also auch für $n = 4$ usw., also für alle natürlichen Zahlen.

Wir sehen, die eigentliche Beweislast liegt in der Rechnung von m zu $m + 1$. Deshalb wird die vollständige Induktion oft auch als der Schluß von m auf $m + 1$ bezeichnet.

Beispiel für vollständige Induktion
(außerhalb der Differentialrechnung)

Behauptung: $\sum_{i=1}^{n} i = \frac{1}{2} n (n + 1)$

(s. VI. 4. i)

1. Stufe: Die Behauptung ist für n = 1 richtig.

Ersetzen wir in der Behauptung n durch 1, erhalten wir

$$\sum_{i=1}^{1} i = \frac{1}{2} \cdot 1 \cdot (1 + 1) = 1$$

andererseits besteht die Summe nur aus dem 1. Glied, der ersten natürlichen Zahl (diese ist = 1).

2. Stufe: Angenommen,

$$\sum_{i=1}^{m} i = \frac{1}{2} m (m + 1)$$

Rechnung:

$$\begin{aligned} \sum_{i=1}^{m+1} i &= \left(\sum_{i=1}^{m} i \right) + (m + 1) \\ &= \frac{1}{2} m (m + 1) + (m + 1) \\ &= \frac{1}{2} [m (m + 1) + 2 (m + 1)] \\ &= \frac{1}{2} (m + 1) [m + 2] \end{aligned}$$

Das gleiche erhalten wir, wenn wir in der Behauptung n durch m + 1 ersetzen.

5. Übungen

a) Differenzieren Sie die folgenden Funktionen mit Hilfe der Rechenregeln und Verwendung der Potenzregel $y = x^n$, $y' = n x^{n-1}$ (n natürliche Zahl)

1. $y = 4x^3 + 7x^2 + 2x + 5$

2. $y = 8x^4 + 12x^2 + 4$

3. $y = x (x + 1) = x^2 + x$
   (Leiten Sie sowohl die 1. Fassung als auch die 2. Fassung ab)

4. $y = \frac{x}{x + 1}$

5. $y = \frac{1}{x^2 + 1}$

b) Zeigen Sie, daß die Potenzregel (siehe a) auch für negative ganze Zahlen gilt, indem Sie die Funktion $y = \frac{1}{x^m} = x^{-m}$ (m natürliche Zahl) betrachten.

Anleitung: Leiten Sie die 1. Fassung mit Hilfe der Quotientenregel und der Potenzregel ab. Dann differenzieren Sie formal (d. h. hier unerlaubterweise) die 2. Fassung nach der Potenzregel. Machen Sie sich klar, daß bisher die Potenzregel nur für natürliche Zahlen als Exponent galt.

c) Leiten Sie gemäß b) ab:

1. $y = \frac{1}{x^5} = x^{-5}$

2. $y = \frac{6}{x^3}$

3. $y = \frac{1}{x} + \frac{1}{x^2}$

Lösungen der Übungen VIII. 3

a) 1. $f(2) = 2$

2. $f(4) = 8$

3. $f(1) = \frac{1}{2}$; $f(1 + h) = \frac{1}{2}(1 + h)^2 = \frac{1}{2} + h + \frac{1}{2}h^2$;

$\Delta y = h + \frac{1}{2}h^2$

4. $\Delta y = \frac{1}{2}(x + h)^2 - \frac{1}{2}x^2 = hx + \frac{1}{2}h^2$

5. $\frac{\Delta y}{\Delta x} = x + \frac{1}{2}h$

6. $y' = x$

b) 1. $f(2) = 6$

2. $f(4) = 20$

3. $f(1) = 2;\ f(1 + h) = (1 + h)^2 + 1 + h = 2 + 3h + h^2$

4. $\Delta y = 2xh + h + h^2$

5. $\frac{\Delta y}{\Delta x} = 2x + 1 + h$

6. $y' = 2x + 1$

c) 1. 10,5

2. 10

3. 10

4. $dy = 5$, falls $dx = 0{,}5$

d) 1. 82,75

2. 75

3. 75

4. $dy = 37{,}5$, falls $dx = 0{,}5$

6. Anwendungen der Differentialrechnung

a) Maximum- und Minimumbetrachtungen

Unter einem *relativen Maximum (Minimum)* einer Funktion verstehen wir denjenigen Funktionswert, der größer (kleiner) als seine benachbarten Werte ist.

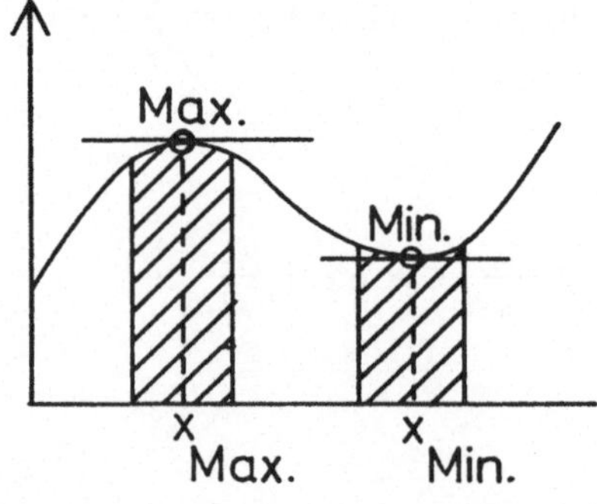

Abb. 48: Kurve mit relativen Extremwerten

Es gilt also bei jeder stetigen Funktion für kleine Werte von h

(9)

$f(x_{max}) > f(x_{max} \pm h)$	$h \neq 0$
$f(x_{min}) < f(x_{min} \pm h)$	$h \neq 0$

Wie aus Abbildung 48 zu ersehen ist, verläuft in den entsprechenden Kurvenpunkten die Tangente parallel zur x-Achse, d. h. mit dem Anstieg Null.

Es gilt also, falls $y = f(x)$ eine differenzierbare Funktion ist

(10)

$$f'(x_{max}) = 0$$
$$f'(x_{min}) = 0$$

Die Gleichungen (10) bilden je eine *notwendige Bedingung* für das Vorliegen für beide Extremwerte (Max. und Min.). Sie dienen dazu, x-Werte zu finden, die als Abszissen für Maximal- bzw. Minimalwerte in Frage kommen,

z. B. $y = x^2 - 2x + 4$

$$y' = 2x - 2$$

Für welchen x-Wert wird $y' = f'(x)$ gleich Null?

$$0 = 2x - 2$$
$$x = 1$$

Der Funktionswert ergibt sich durch Einsetzen

$$f(1) = 1^2 - 2 \cdot 1 + 4 = 3$$

Ist es nicht durch die Umstände klar, daß es sich hier um ein Minimum handelt, so können die Beziehungen (9) zur Prüfung herangezogen werden.

$$\begin{aligned} f(1 \pm h) &= (1 \pm h)^2 - 2 \cdot (1 \pm h) + 4 \\ &= 1 \pm 2h + h^2 - 2 \mp 2h + 4 \\ &= 3 + h^2 \end{aligned}$$

Wir sehen

$$f(1) < f(1 \pm h), \text{ falls } h \neq 0,$$

da h^2 stets positiv ist. Mithin liegt ein Minimum vor.

b) Der Extremwert des Anstiegs (Wendepunktbetrachtungen)

Die Funktion $y' = f'(x)$ ist, genau wie die Stammfunktion $y = f(x)$, eine Funktion von x. Es ergeben sich also im allgemeinen für zwei verschiedene x-Werte auch verschiedene y'-Werte. Geometrisch gesehen ändert sich der Anstieg von Punkt zu Punkt. Wir sprechen in diesem Fall von der Krümmung der Kurve. Es ist somit sinnvoll, nach den Extremwerten des Anstiegs zu fragen:

Wo ist der Anstieg am größten (relativ zu den Nachbarwerten) bzw. am kleinsten?

Wir nennen einen Punkt, in dem der Anstieg relativ extremal ist, einen Wendepunkt.

Betrachten wir ein Kurvenstück, das einen Wendepunkt mit maximalem Anstieg enthält (siehe Abb. 49). Wir sehen, die Kurve ist im Wendepunkt am steil-

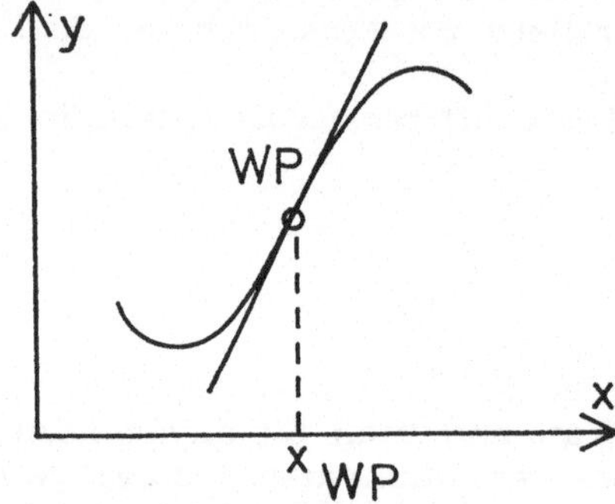

Abb. 49: Wendepunkt mit Wendetangente

sten. Fassen wir die Kurve jedoch nicht, wie soeben, als Querschnitt durch ein „Gebirge", sondern als Projektion („Landkarte") einer „kurvenreichen" Straße auf, so müssen wir dem Wendepunkt eine andere Deutung geben: Hier „wendet" sich der Krümmungssinn, eine Linkskurve geht in eine Rechtskurve über. Daher wechselt die Kurve im Wendepunkt die Tangentenseite oder anders ausgedrückt: Die Wendetangente durchsetzt die Kurve im Wendepunkt.

Da ein Wendepunkt im Extremum des Anstiegs liegt, müssen wir die Untersuchungen des vorigen Abschnittes auf die Anstiegsfunktion anwenden. Wir müssen also die Funktion $y' = f'(x)$ differenzieren. Wir stellen diese Ableitung der Ableitung symbolisch durch Hinzufügen eines Striches dar:

$$y'' = f''(x)^{*)}$$

Wir sprechen von der **2. Ableitung** der Funktion $y = f(x)$. Analog verwenden wir für $y' = f(x)$ die Bezeichnung **1. Ableitung.**

Nach (10) gilt für einen Wendepunkt

(11) $$\boxed{f''(x_{wp}) = 0}$$

Beispiel:

$$y = \tfrac{1}{3}x^3 - x^2 + 2$$
$$y' = x^2 - 2x$$
$$y'' = 2x - 2$$

*) Wir lesen y — zwei — Strich gleich f — zwei — Strich — von — x.

Für die Wendepunktabszisse gilt $y'' = 0$

$$0 = 2x - 2$$

$$x = 1 \qquad f(1) = \frac{4}{3}$$

Nach (9) ist zu untersuchen:

$$\begin{aligned} f'(1 \pm h) &= (1 \pm h)^2 - 2(1 \pm h) \\ &= 1 \pm 2h + h^2 - 2 \mp 2h \\ &= -1 + h^2 \end{aligned}$$

Da aber $f'(1) = -1$

gilt $f'(1 \pm h) > f'(1)$ für $h \neq 0$.

Also ist der Anstieg der Kurve für $x = 1$ minimal.

c) Der gegenseitige Zusammenhang zwischen Stammfunktion, 1. und 2. Ableitung

Bisher hatten wir jeweils nur die Stammfunktion graphisch dargestellt. Die Ergebnisse der beiden vorstehenden Abschnitte lassen sich nun mit Hilfe der Kurven, die zu der 1. und 2. Ableitung gehören, zusammenfassen und ergänzen.

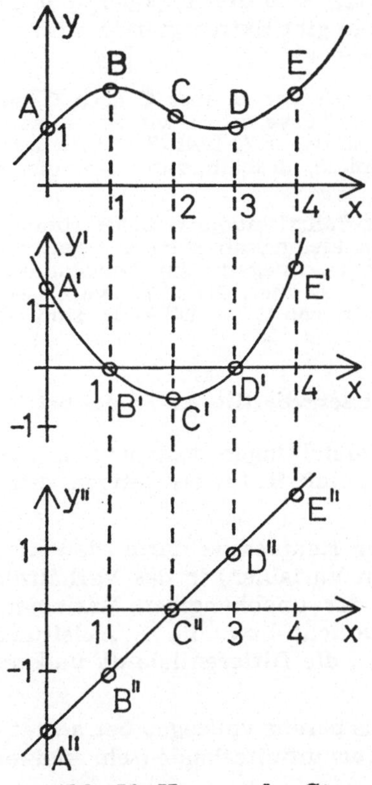

Stammfunktion:

$$y = \frac{1}{6}x^3 - x^2 + \frac{3}{2}x + 1$$

1. Ableitung

$$y' = \frac{1}{2}x^2 - 2x + \frac{3}{2}$$

2. Ableitung

$$y'' = x - 2$$

Tabelle

x	y	y'	y''
0	1	1,5	—2
1	$1\frac{2}{3}$	0	—1
2	$1\frac{1}{3}$	—0,5	0
3	1	0	1
4	$1\frac{2}{3}$	1,5	2

Abb. 50: Kurven der Stammfunktion, 1. und 2. Ableitung

Wir sehen in der Abbildung 50 als Kurve der Stammfunktion eine kubische Parabel.

Das *Maximum* wird in B angenommen. Zwangsläufig (notwendig) ist y' für diesen x-Wert gleich Null, siehe Punkt B'. Da der Tagentenanstieg — laufen wir von A über B nach C — von positiven Werten (siehe A bis kurz vor B) über Null (siehe B) zu negativen Werten (siehe kurz nach B bis etwa C) wechselt, ist *hinreichend* geklärt, daß in B ein Maximum liegt. Der Tangentenanstieg ist zahlenmäßig als Ordinate bei der Kurve der 1. Abteilung aufgetragen. Diese Kurve fällt also (siehe A', B', C'), während wir auf der Kurve der Stammfunktion von A über das Maximum B nach C laufen.

Das *Minimum* wird in D angenommen.

Es gelten die Bemerkungen entsprechend wie bei der Beschreibung des Maximums.

Zusammenfassend läßt sich sagen:

Die Kurve der 1. Ableitung durchsetzt bei dem x-Wert, für den die Stammfunktion ein relatives Minimum bzw. Maximum annimmt, die x-Achse. Bei Abszissenvergrößerung wechselt sie im Falle des Minimums von negativen zu positiven Ordinaten, im Falle des Maximums von positiven zu negativen.

Im vorstehenden Beispiel sind Maximum und Minimum auch daran zu erkennen, daß außer $f'(x_{max/min}) = 0$ zusätzlich $f''(x_{max}) < 0$ und $f''(x_{min}) > 0$ gilt. Diese Bedingung ist leider nur hinreichend, d. h., es gibt Extrempunkte mit $f''(x_{max/min}) = 0$. Ein Beispiel hierfür ist die Funktion $y = x^4$.

Der Wendepunkt liegt in C. Gehen wir von B über C nach D, so merken wir, daß die Kurve fällt. (An der y'-Kurve sehen wir am entsprechenden Stück B' — C' — D' : y' ist nicht positiv.) In C fällt die Kurve am meisten. (In C' hat die y'-Kurve ein Minimum, deshalb durchsetzt die y''-Kurve in C'' die x-Achse.)

Die Kurve A — B — C ist (in dieser Fahrrichtung) rechtsgekrümmt, deshalb wird die Tangentensteigung laufend kleiner, ab B sogar negativ, d. h., die y'-Kurve fällt und die Werte von y'' sind negativ. Im Wendepunkt geht die Kurve in eine Linkskurve C — D — E über, die y'-Kurve C' — D' — E' steigt und die Ordinaten im Abschnitt von C'' — D'' — E'' sind (abgesehen von C'') positiv.

d) Differentialrechnung bei wirtschaftswissenschaftlichen Modellbetrachtungen

In betriebs- und volkswirtschaftlichen Darstellungen spielen u. a. auch solche mathematischen Modelle eine Rolle, die sich mit Hilfe von stetigen, differenzierbaren Funktionen beschreiben lassen.

Das Wesen dieser Modelle besteht in der Hauptsache darin, daß kleine Veränderungen der Funktion (der abhängigen Variablen) in das Verhältnis zu den verursachenden kleinen Veränderungen der unabhängigen Variablen gesetzt werden. Es wird also der Differentialquotient bzw. die 1. Ableitung herangezogen. In der Regel ist es hierbei üblich, die Differentiale dy und dx anstatt der Differenzen Δy und Δx zu benutzen.

Der nötige Grenzübergang wird implizit als bereits vollzogen betrachtet. Deshalb sind hier stets die Differentiale dy und dx als infinitesimale (sehr kleine) Größen aufzufassen.

Zur Begriffsbildung ist zu beachten, daß für die 1. Ableitung die zur Funktion hinzugefügte Vorsilbe „Grenz-“ verwendet wird. So wird z. B. durch einmaliges Ableiten aus dem Erlös der Grenzerlös oder aus den Kosten die Grenzkosten.

Sämtliche „Grenzfunktionen“ dieser Art sind also näherungsweise gleich dem Verhältnis Funktionsänderung bezogen auf die Änderung der unabhängigen Variablen. Wird z. B. der Erlös E als eine Funktion der Menge x betrachtet, so gilt für den Grenzerlös:

$$E' = \frac{dE}{dx} \approx \frac{\Delta E}{\Delta x}.$$

Wir stellen hierbei also das Verhältnis von Erlösänderung zur Mengenänderung auf.

Für eine andere Art von Verhältnisbildung zwischen Veränderungen müssen wir von nun an zwischen *absoluten* und *relativen Veränderungen* einer variablen Größe unterscheiden.

Unsere bisherigen Untersuchungen rechneten stets mit den absoluten Veränderungen von Variablen. Steigen also beispielsweise die Kosten K von 1000 DM auf 1050 DM, so ergibt sich eine absolute Änderung der Kosten von 50 DM ($\Delta K = 50$ DM).

Unter relativer Veränderung verstehen wir das Verhältnis der Änderung der Variablen zum ursprünglichen Wert der Variablen. Für die oben genannten Zahlen

$$K = 1000 \text{ DM}; \quad \Delta K = 50 \text{ DM}$$

ergibt sich die relative Veränderung

$$\frac{\Delta K}{K} = \frac{50 \text{ DM}}{1000 \text{ DM}} = 0{,}05$$

Dabei müssen wir beachten, daß das Ergebnis 0,05 eine reine Verhältniszahl ist (also keineswegs 0,05 „DM“!). Mitunter wird das 100fache der relativen Veränderung, die prozentuale Veränderung, verwendet. (In unserem Beispiel erhalten wir also 5 % als prozentuale Veränderung.)

Wenden wir uns nun der Funktion

$$y = f(x)$$

zu, so können wir für jede der beiden Variablen die relativen Veränderungen aufstellen.

Relative Veränderung von y ist $\frac{\Delta y}{y}$

Relative Veränderung von x ist $\frac{\Delta x}{x}$

Mit ihrer Hilfe können wir die Elastizität $e_{y,x}$ von y in bezug auf x definieren.

(12) $$e_{y,x} = \frac{\Delta y}{y} : \frac{\Delta x}{x} = \frac{\Delta y}{\Delta x} \cdot \frac{x}{y}$$

Die Elastizität $e_{y,x}$ ist also das Verhältnis der relativen Veränderung von y zur relativen Veränderung von x.

Für kleine absolute Veränderungen Δy sowie Δx geht (12) in (13) über

(13) $$e_{y,x} = \frac{dy}{dx} \cdot \frac{x}{y} = y' \cdot \frac{x}{y}$$

Beispiele

1. Wir betrachten die Funktion $y = x^2$ für positive x-Werte ($x > 0$).

   Als Elastizität erhalten wir

   $$e_{y,x} = 2x \cdot \frac{x}{x^2} = 2$$

   Die Elastizität ist also in diesem Sonderfall unabhängig von dem jeweiligen x- und y-Wert konstant gleich zwei. Mithin ist längs der gesamten betrachteten Kurve die relative Änderung von y doppelt so groß wie die relative Änderung von x.

2. Wir betrachten die Funktion

   $$y = x^2 + x$$

   für positive x-Werte ($x > 0$).

   Als Elastizität erhalten wir

   $$e_{y,x} = (2x + 1) \cdot \frac{x}{x^2 + x}$$

   $$= \frac{2x + 1}{x + 1} = 1 + \frac{x}{x + 1}$$

   Hier ist die Elastizität wiederum eine Funktion von x. Sie ist stets kleiner als die des vorigen Beispiels, d. h., bei der Funktion $y = x^2 + x$ sind — falls wir gleiche relative Änderungen von x verwenden — die relativen Änderungen von y stets kleiner (genau um $\frac{1}{x + 1}$)als die relative Änderung von y bei der Funktion $y = x^2$.

7. Übungen:

a) Wir betrachten die Funktion

$y = x^3 - 3x.$

Zeigen Sie, daß die zugehörige Kurve

für $x = -1$ ein relatives Maximum
für $x = 1$ ein relatives Minimum
und
für $x = 0$ einen Wendepunkt hat.

b) Zeigen Sie, daß die Funktion

$y = x^3 + 3x$

weder ein relatives Maximum noch ein relatives Minimum hat.

c) Wir betrachten die Funktion

$y = 2x^3 + 3x^2 + 1$

Bestimmen Sie die Koordinaten

1. vom relativen Maximum
2. vom relativen Minimum
3. vom Wendepunkt

d) In einem Kostenmodell liege die Kostenfunktion (Abhängigkeit der Gesamtkosten K von den zugehörigen Mengen x)

$K = x^3 - 12x^2 + 49x + 4$

vor.

1. Bestimmen Sie die Funktion der Grenzkosten.
2. Wie groß sind die Grenzkosten bei $x = 2$?

e) Wir betrachten die Funktion

$$y = \frac{1}{x} \qquad \text{(für } x > 0\text{)}$$

1. Ermitteln Sie die Elastizität von y bezüglich x!
2. Woran läßt sich erkennen, daß eine Zunahme von x eine Abnahme von y zur Folge hat?

Lösungen der Übungen zu VIII. 5

a) 1. $y' = 12x^2 + 14x + 2$

2. $y' = 32x^3 + 24x$

3. $y' = 2x + 1$

4. $y' = \frac{1}{(x+1)^2}$

5. $y' = -\frac{2x}{(x^2+1)^2}$

c) 1. $y' = -\frac{5}{x^6}$

2. $y' = -\frac{18}{x^4}$

3. $y' = -\frac{1}{x^2} - \frac{2}{x^3}$

8. Die Ableitung bei mittelbaren Funktionen

a) Die Funktion von einer Funktion

Ist das *Argument* einer Funktion (wie die unabhängige Variable bisweilen genannt wird) von einer weiteren Variablen abhängig, so liegt eine *Verschachtelung von Funktionen* vor, die im folgenden betrachtet werden soll.

Zum Beispiel

Falls $y = u^2$
und $u = 3x + 1$
so folgt $y = (3x + 1)^2$.

y ist hier nicht *unmittelbar*, sondern *mittelbar* (durch *Vermittlung* von u) von x abhängig. Der Zuordnungsmechanismus erfolgt nach dem in Abb. 51 angegebenen zweistufigen Schema. (Wir verzichten hier auf die Auflösung der Klammer, d. h. wir betrachten nicht die unmittelbare Funktion $y = 9x^2 + 6x + 1$.)

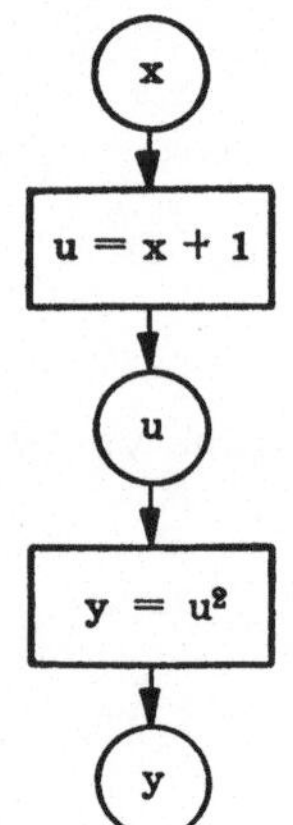

1. Stufe **innere Funktion**
   - 1.1 Eingabe des „Rohstoffes" x
   - 1.2 „Fabrikation" von u aus dem „Rohstoff" x
   - 1.3 Ausgabe des „Zwischenfabrikates" u

2. Stufe **äußere Funktion**
   - 2.1 Eingabe von u
   - 2.2 „Fabrikation" von y aus dem „Zwischenfabrikat" u
   - 2.3 Ausgabe des „Endfabrikates" y

Abb. 51: Innere und äußere Funktion

Wir sehen, das „Zwischenfabrikat“ u ist abhängige Variable bezüglich x, aber unabhängige Variable bezüglich y. Da y eine Funktion von u, aber u eine (i. a. andere) Funktion von x ist, nennen wir y eine Funktion von einer Funktion. Wir schreiben

$$y = f(u(x))$$

Um die beiden vorliegenden Funktionen zu unterscheiden, sprechen wir von innerer und äußerer Funktion (siehe Abb. 51).

b) Die Kettenregel

Liegt eine mittelbare Funktion

$$y = f(u(x))$$

vor und sind sowohl die innere als auch die äußere Funktion differenzierbare Funktionen, so folgt aus

$$\frac{\Delta y}{\Delta x} = \frac{\Delta y}{\Delta u} \cdot \frac{\Delta u}{\Delta x}$$

für $\Delta x \to 0$

(14) $$\boxed{\frac{dy}{dx} = \frac{dy}{du} \cdot \frac{du}{dx}}$$ *)

Diese Beziehung bedeutet:

Die Ableitung einer mittelbaren Funktion ist das Produkt der Ableitung der äußeren und der Ableitung der inneren Funktion.

Wegen der „Verkettung“ der Funktionen heißt dieser Zusammenhang auch *Kettenregel.*

Beispiele:

1. $y = (3x + 1)^2$

Innere Funktion

$$u = 3x + 1$$

$$\frac{du}{dx} = 3$$

Äußere Funktion

$$y = u^2$$

$$\frac{dy}{du} = 2u$$

$$\frac{dy}{dx} = 2u \cdot 3 = \underline{\underline{6 \cdot (3x + 1)}}$$

*) Wir lesen wieder dy nach dx, dy nach du, du nach dx, um auszudrücken, daß die betreffenden Funktionen hinsichtlich der unabhängigen Variablen x bzw. u differenziert werden.

Da wir die gegebene Funktion auch durch Ausquadrieren in eine unmittelbare Funktion von x verwandeln können, haben wir Gelegenheit, eine „Probe“ durchzuführen.

$$y = 9x^2 + 6x + 1$$

$$\underline{\underline{y' = 18x + 6}} \qquad = 6 \cdot (3x + 1)$$

2. $$y = (x^2 - 5x)^{10}$$

$$u = x^2 - 5x$$

$$\frac{du}{dx} = 2x - 5$$

$$y = u^{10}$$

$$\frac{dy}{du} = 10u^9$$

$$\frac{dy}{dx} = 10u^9 \cdot (2x - 5) = \underline{\underline{10(x^2 - 5x)^9 \cdot (2x - 5).}}$$

c) Die implizite Funktion

Die von uns bisher verwendeten Funktionsgleichungen gehörten alle zum Typus der *expliziten Funktionen.* Diese Funktionsgleichungen waren durchweg so aufgebaut, daß sich die abhängige Variable (meist y) allein auf der linken Seite der Funktionsgleichung befand, alle Terme, die die unabhängige Variable enthielten, standen rechts. Auch war die abhängige Variable nicht noch in einer weiteren Funktion „verpackt“. Dieser Sachverhalt wird auch mit folgender Feststellung gekennzeichnet: *Die Funktionsgleichung ist nach der abhängigen Variablen aufgelöst.*

Eine Funktionsgleichung bei der nicht nach der abhängigen Variablen aufgelöst ist, bezeichnen wir als *implizite Funktion.*

Beispiele: x soll stets unabhängige Variable sein.

1.	y	$= 2x + 2$	explizit
2.	$\frac{1}{2}y$	$= x + 1$	implizit
3.	$y - 2x$	$= 2$	implizit
4.	x	$= 1 - \frac{1}{2}y$	implizit
5.	$y^3 + y$	$= x$	implizit

Wir sehen, Beispiel 1 bis 4 beschreiben denselben Zusammenhang. Die impliziten Fassungen lassen sich hier auf die eine explizite Form umrechnen. Dieses Auflösen kann aber in vielen Fällen nur sehr schwer oder überhaupt nicht durchgeführt werden.

Die Ableitungen von impliziten Funktionen vollziehen wir mit Hilfe der Kettenregel. Kommt z. B. in der impliziten Fassung der Term y^3 vor, so liegt wieder der Fall einer mittelbaren Funktion vor. Die innere Funktion ist y selbst, die äußere die Potenzfunktion. Also ergibt sich als Ableitung

$$(y^3)' = 3y^2 \cdot y'$$

Wir leiten das obige Beispiel 5. ab:

$$3y^2 \cdot y' + y' = 1$$

$$y'(3y^2 + 1) = 1$$

$$y' = \frac{1}{3y^2 + 1}.$$

d) Die Umkehrfunktion

Vertauschen wir in einer Funktionsgleichung die unabhängige Variable x und die abhängige Variable y, so heißt die entstandene Zuordnung (falls es sich um eine Funktion handelt) die *Umkehrfunktion* der ursprünglichen Funktion. Nach der Vertauschung soll x nach wie vor unabhängige Variable sein.

Beispiele:

1. Ausgangsfunktion $y = x^3$
   Umkehrfunktion $x = y^3$

Diese implizite Form können wir in die explizite Fassung überführen. (Auflösen nach der abhängigen Variablen!)

$$y = \sqrt[3]{x}$$

Die Potenzfunktion dritten Grades hat also die Wurzelfunktion gleichen Grades als Umkehrfunktion.

2. $y = \frac{1}{x}$ $(x \neq 0)$

   Vertauschen $x = \frac{1}{y}$ $(y \neq 0)$

   Auflösen $y = \frac{1}{x}$

Diese Funktion hat sich selbst als Umkehrfunktion.

Geometrisch können wir uns den Umkehrungsvorgang leicht vorstellen: Ein Punkt wird an der Geraden y = x, der Winkelhalbierenden des 1. und 3. Qua-

dranten, gespiegelt, falls seine Koordinaten vertauscht werden. Der Graph der Umkehrungsfunktion ergibt sich also durch Spiegelung des Ausgangsgraphen an der genannten Winkelhalbierenden.

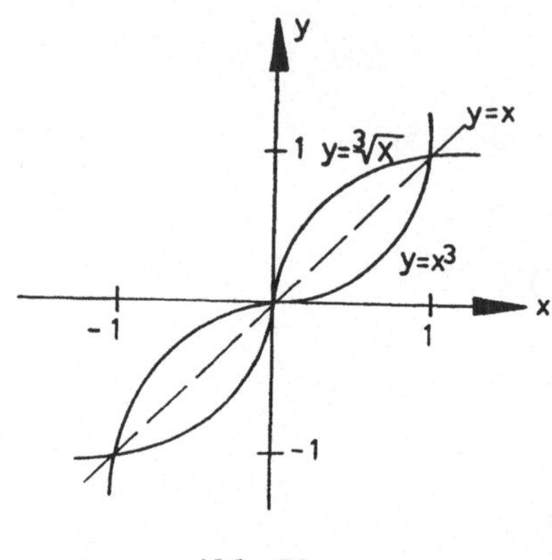

Abb. 52

Es ist nun auch leicht einzusehen, daß die Ausgangsfunktion die Umkehrfunktion der Umkehrfunktion ist.

Die Ableitung der Umkehrfunktion zu finden, falls die Ableitung der Ausgangsfunktion bekannt ist, erfolgt gemäß der folgenden Überlegung:

Ausgangsfunktion	$y = f(x)$
zugehörige Ableitung	$y' = f'(x)$
Umkehrfunktion	$x = f(y)$
zugehörige Ableitung	$1 = f'(y) \cdot y'$
oder	$y' = \frac{1}{f'(y)}$

(falls $f'(y) \neq 0$)

Beispiel:

Ausgangsfunktion	$y = x^3 = f(x)$
Ableitung	$y' = 3x^2 = f'(x)$
Umkehrfunktion	$x = y^3 = f(y)$
bzw.	$y = \sqrt[3]{x}$
Ableitung	$y' = \frac{1}{3y^2} = \frac{1}{f'(y)}$
bzw.	$y' = \frac{1}{3(\sqrt[3]{x})^2}$

9. Übungen

a) Leiten Sie nach der Kettenregel ab

1. $y = (1 - x)^3$
2. $y = (2x^2 - x)^2$

b) Die Funktion $y = x^2$ führt bei Vertauschung von x und y nicht zu einer Funktion (Zweideutigkeit des Wurzelziehens). Wir helfen uns, indem wir aus den anfallenden Werten zwei Funktionen bilden. Die eine davon heißt $y = \sqrt{x}$. Wir sprechen vom *Hauptwert* der Wurzel.

1. Wie lautet die andere der beiden Funktionen?
2. Wie lautet die Ableitung von $y = \sqrt{x}$?
3. Wie lautet die Ableitung von $y = \sqrt{x^2 + 1}$?

c) Stellen Sie die expliziten Fassungen her:

1. $x + y = 1$
2. $xy = 1$
3. $x(1 - y) = 3$
4. $8 = (x + 2y)^3$

10. Differentiation bei mehreren unabhängigen Variablen

a) Partielle Differentiation

Bisher haben wir Funktionen mit einer unabhängigen Variablen betrachtet. Wir gehen jetzt zu Funktionen mit mehreren unabhängigen Variablen über. Wir wählen als symbolische Darstellung

$$z = f(x, y).$$

Die zwei unabhängigen Variablen sollen hier x und y sein. Die Verfahren der Differentialrechnung lassen sich anwenden, wenn wir sie (wie bisher) nur jeweils auf eine der beiden unabhängigen Variablen erstrecken. Die andere wird während des Differentiationsprozesses als konstant vorausgesetzt. Das heißt, wir untersuchen z entweder hinsichtlich der Veränderung bezüglich x oder der Veränderung bezüglich y. Wir sprechen deshalb von *partieller Differentiation*. Als Symbolik dient an Stelle des bisher beim Differential verwendeten „d" ein „∂".

Liegt z. B. die Funktion

$$z = x^2 + 3y + 7$$

vor, so erhalten wir

$$\frac{\partial z}{\partial x} = 2x$$

$$\frac{\partial z}{\partial y} = 3.$$

b) Anwendung der partiellen Differentiation:

Die Methode der kleinsten Quadrate

Haben wir zwischen den Größen x und y einen funktionalen Zusammenhang in Form einer Tabelle („Meßreihe") vorliegen, so besteht in gewissen Fällen Bedarf, diese Werte zu einer Funktionsgleichung zusammenzufassen. Besonders einfach ist dieser Vorgang, falls offensichtlich die gegebenen (gemessenen) Zahlenpaare, als Punkte gezeichnet, um eine Gerade streuen (siehe Abb. 53). Die gesuchte Funktionsgleichung ist dann eine lineare Funktion

(*) $$y = ax + b$$

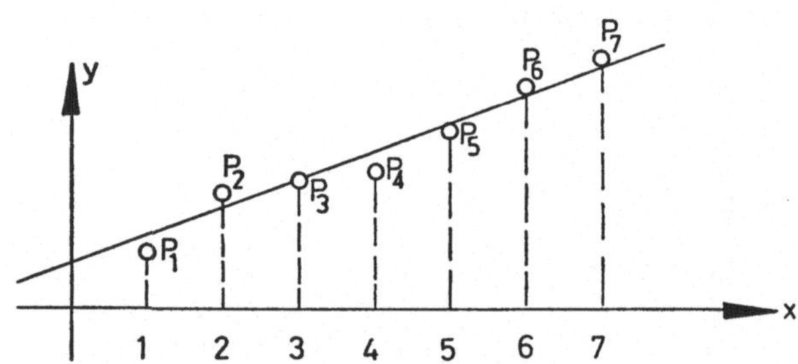

Abb. 53: Meßpunkte und Ausgleichsgerade

Von den vielen möglichen Geraden, die wir „ungefähr" durch die gegebenen Punkte P_i legen können, wählen wir mit Hilfe der *Methode der kleinsten Quadrate* eine bestimmte aus. Diese Gerade soll so festgelegt werden, daß die Abweichungen zwischen den gegebenen Punkten und der gesuchten Geraden möglichst klein werden. Wir nennen die so bestimmte Gerade *Ausgleichsgerade.* Als Abweichung zwischen Punkt und Gerade verwenden wir die jeweiligen Ordinatendifferenzen. Wir führen jetzt diese Rechnung durch.

Gegebene Tabelle (schematisch):

x	x_1	x_2	x_3	...	x_n	n natürliche Zahl
y	y_1	y_2	y_3	...	y_n	(x_i und y_i gegebene, feste Zahlen)

Zu jedem dieser $x_i (1 \leq i \leq n)$*) entsteht eine Ordinatendifferenz zwischen dem zugehörigen y_i und dem y-Wert des Geradenpunktes Q_i, dessen Abszisse ebenfalls x_i ist (siehe Abb. 54).

*) i läuft von 1 bis n

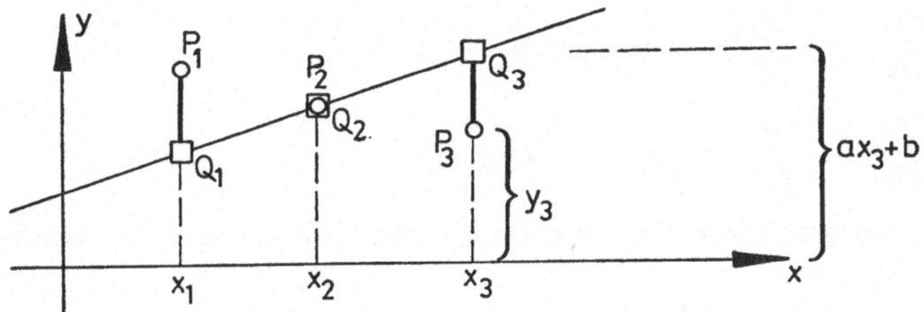

Abb. 54: Ordinatendifferenzen

Da die Ordinate eines Geradenpunktes Q_i gemäß Gleichung (*) $ax_i + b$ ist, erhalten wir als Ordinatendifferenzen

$$y_{Q_i} - y_{P_i} = ax_i + b - y_i \qquad 1 \leqq i \leqq n$$

Diese Ordinatendifferenzen verwenden wir, um ein Maß für die Gesamtabweichung zwischen den Punkten und der Geraden zu bilden.

Den naheliegenden Gedanken, alle Ordinatendifferenzen zu addieren, um zur Gesamtabweichung zu kommen, müssen wir aus folgendem Grunde verwerfen: Die Ordinatendifferenzen sind positiv, negativ oder Null (siehe Abb. 54). Die negativen und positiven würden sich gegenseitig abschwächen und daher ginge nicht jede Differenz mit ihrem vollen Wert in die Rechnung ein.

Quadrieren wir dagegen alle Ordinatendifferenzen, so sind die Resultate nicht negativ und der oben erwähnte Nachteil tritt nicht in Erscheinung. Daher verwenden wir als Maß für die Gesamtabweichung G die Summe aller Quadrate der Ordinatendifferenzen:

$$G = \sum_{i=1}^{n} (ax_i + b - y_i)^2 \text{ *)}$$

Da x_i und y_i feste, gegebene Zahlen sind, hängt G lediglich von den beiden Parametern a und b , die der Geraden zugeordnet sind, ab. G ist also eine Funktion von den beiden unabhängigen Variablen a und b

$$G = f(a, b)$$

Um unseren Plan, G zu minimieren, durchzuführen, müssen wir ähnlich wie bei Funktionen mit einer Variablen verfahren:

> *Eine notwendige Bedingung für das Auftreten eines Minimums ist das Verschwinden der 1. Ableitung.*

Da wir diesmal zwei unabhängige Variable haben, erhalten wir zwei Gleichungen.

---

*) Der Index i durchläuft alle natürlichen Zahlen von 1 bis n.

$$\frac{\partial G}{\partial a} = \sum_{i=1}^{n} 2 \cdot x_i (ax_i + b - y_i)$$

$$\frac{\partial G}{\partial b} = \sum_{i=1}^{n} 2 (ax_i + b - y_i)$$

(Bei der Ableitung müssen wir Summen- und Kettenregel verwenden.)

Durch Nullsetzen dieser beiden Gleichungen erhalten wir ein lineares Gleichungssystem, aus dem wir die gesuchten Werte von a und b bestimmen können. Wir beschäftigen uns zunächst mit der ersten Gleichung.

$$\text{I} \quad \sum_{i=1}^{n} 2\, x_i (ax_i + b - y_i) = 0$$

Wir ziehen den gemeinsamen Faktor 2 vor die Summe und lösen im Summationsglied die Klammer auf

$$2 \sum_{i=1}^{n} (ax_i^2 + bx_i - x_i y_i) = 0$$

Wir dividieren die Gleichung durch 2 und zerlegen in einzelne Summen.

$$\sum_{i=1}^{n} ax_i^2 + \sum_{i=1}^{n} bx_i - \sum_{i=1}^{n} x_i y_i = 0$$

Wir ziehen a und b vor die Summen.

$$a \sum_{i=1}^{n} x_i^2 + b \cdot \sum_{i=1}^{n} x_i - \sum_{i=1}^{n} x_i y_i = 0$$

Die Auswertung der zweiten Gleichung geschieht analog, so daß wir zum folgenden Gleichungssystem kommen:

$$\text{I.} \quad a \cdot \Sigma x_i^2 + b \cdot \Sigma x_i = \Sigma x_i y_i \;{}^{*)}$$

$$\text{II.} \quad a \cdot \Sigma x_i + b \cdot n = \Sigma y_i$$

Da alle Summen den gleichen Summationsindex i (einschließlich Summationsgrenzen) tragen, wollen wir ihn von jetzt an nicht mehr aufführen.

Mit den Verfahren der Gleichungslehre kommen wir zu der folgenden Lösung:

$$(15) \qquad a = \frac{n\, \Sigma x_i y_i - \Sigma x_i\, \Sigma y_i}{n\, \Sigma x_i^2 - (\Sigma x_i)^2} \qquad b = \frac{\Sigma x_i^2 \cdot \Sigma y_i - \Sigma x_i y_i \cdot \Sigma x_i}{n\, \Sigma x_i^2 - (\Sigma x_i)^2}$$

Bei allen Summen läuft i von 1 bis n.

*) Aus Gründen der Übersichtlichkeit lassen wir die oberen und unteren Grenzen beim Summenzeichen weg.

Die hierfür benötigten Werte der auftretenden Summen berechnen wir am zweckmäßigsten mit Hilfe einer tabellarischen Aufstellung.

Beispiel

Gegeben die „Meßwerte" y, die den Werten x zugeordnet sind

x	1	2	3	4	5	6	7
y	1,2	1,7	2,1	2,3	2,7	3,0	3,3

Wir ordnen die Werte in die folgende Tabelle ein, die fehlenden Werte in den Spalten xy und x^2 sowie die Summen müssen wir errechnen.

x	y	xy	x^2
1	1,2	1,2	1
2	1,7	3,4	4
3	2,1	6,3	9
4	2,3	9,2	16
5	2,7	13,5	25
6	3,0	18,0	36
7	3,3	23,1	49
28 $= \Sigma x_i$	16,3 $= \Sigma y_i$	74,7 $= \Sigma x_i y_i$	140 $= \Sigma x_i^2$

$$n = 7$$

$$a = \frac{7 \cdot 74{,}7 - 28 \cdot 16{,}3}{7 \cdot 140 - 28^2}$$

$$a \approx 0{,}34$$

$$b = \frac{140 \cdot 16{,}3 - 74{,}7 \cdot 28}{7 \cdot 140 - 28^2}$$

$$b \approx 0{,}97$$

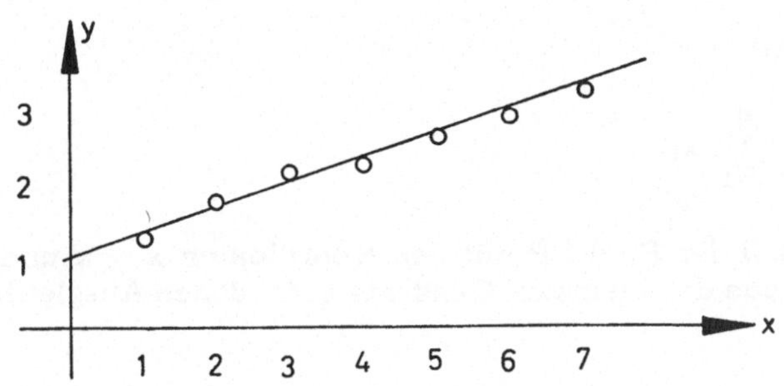

Abb. 55: Meßwerte und berechnete Ausgleichsgerade

Wir erhalten als Ausgleichsgerade

$$y = 0{,}34x + 0{,}97$$

(Die Lösungen (15) für a und b haben wir aus einer *notwendigen* Bedingung. Es müßte noch gezeigt werden, daß es *hinreichend* geklärt ist, daß die Funktion $G = f(a, b)$ für die angegebenen Werte ein Minimum besitzt.)

11. Übungen

a) Wir betrachten die Funktion

$$z = x^2 + 2xy + y^3$$

Bilden Sie die partiellen Ableitungen

1. $\dfrac{\partial z}{\partial x}$
2. $\dfrac{\partial z}{\partial y}$
3. $\dfrac{\partial^2 z}{\partial x^2}$ (d. i. die zweite Ableitung bzgl. x)
4. $\dfrac{\partial^2 z}{\partial y^2}$
5. $\dfrac{\partial^2 z}{\partial x \partial y}$ (d. h. z zweimal abgeleitet, einmal nach x und einmal nach y)

b) Das arithmetische Mittel $\bar{x}$ aus n Werten x_i

$(1 \leqq i \leqq n$, natürliche Zahl)

ist definiert zu

$$\bar{x} = \frac{1}{n} \sum_{i=1}^{n} x_i$$

Zeigen Sie, daß der Punkt $\bar{P}$ mit den Koordinaten $x = \bar{x}$ und $y = \bar{y}$ auf der mit der Methode der kleinsten Quadrate gefundenen Ausgleichsgeraden liegt.

c) Berechnen Sie mit Hilfe der Methode der kleinsten Quadrate die Funktion der Ausgleichsgeraden für folgende Werte:

x	3	5	7	8	10	12	13	14	15	17
y	5	6	6	7	7	8	7	8	8	8

Lösungen der Übungen VIII. 7

a) $f'(x) = 3x^2 - 3;\quad f''(x) = 6x; f'''(x) = 6$

Maximum:	Minimum:
$f'(-1) = 0;\quad f''(-1) < 0$	$f''(1) = 0;\quad f''(1) > 0.$

Wendepunkt
$f''(0) = 0;\quad f'''(0) \neq 0.$

b) $f'(x) = 3x^2 + 3 > 0$ für alle reellen x

c) Max (—1/2); Min (0/1); Wp (—0,5/1,5)

d) 1) $GK = 3x^2 - 24x + 49$
2) $GK(2) = 13$

e) 1) $e_{y,x} = -1$
2) $f'(x) < 0$

IX. Integralrechnung

1. Das unbestimmte Integral

Wir beschäftigen uns nun mit dem Problem, die Differentialrechnung umzukehren.

Wie bei allen umkehrenden Rechnungsarten ist uns also das Ergebnis bekannt, und wir suchen die Aufgabe

z. B. aus $y' = 3x^2$
folgt $y = x^3 + C$ (Probe durch Differentiation!)

Hieran erkennen wir bereits eine wichtige Eigenschaft dieser Umkehrung:

Die gesuchte Funktion — wir nennen sie wie bereits früher „Stammfunktion" — läßt sich nicht vollständig genau bestimmen. Da beim Differenzieren eine additive Konstante fortfällt, kann die 1. Ableitung $y' = 3x^2$ sowohl aus der Stammfunktion $y = x^3$ wie auch aus $y = x^3 + 1$ (bzw. $y = x^3 + 2$, bzw. $y = x^3 + 3$ usw.) entstanden sein. Wir tragen dieser Tatsache Rechnung, indem wir als Resultat (wie bereits oben aufgeführt) $y = x^3 + C$ schreiben. Es gilt also der Satz:

Aus der ersten Ableitung kann die Stammfunktion nur bis auf eine additive Konstante bestimmt werden.

Die umkehrende Rechnungsart zur Differentialrechnung heißt **Integralrechnung,** die dabei ausgeübte Tätigkeit nennen wir **integrieren.** Das Rechensymbol ist zweiteilig und besteht aus dem eigentlichen Integralzeichen „$\int$" und dem uns aus der Differentialrechnung bekannten Differential „dx", das uns gleichzeitig auf die Variable des Problems hinweist. Die zu integrierende Funktion — der Fachausdruck lautet „Integrand" — wird von den beiden genannten Teilen eingeschlossen. So können wir das oben angeführte Beispiel schreiben

$$\int 3x^2 \, dx = x^3 + C.$$

Wir lesen die linke Seite dieser Umformungsgleichung „Integral $3x^2$ de-icks" oder ausführlicher „das Integral der Funktion $3x^2$".

Wegen der erwähnten Konstanten C, die wir auch *Integrationskonstante* nennen, heißt die hier besprochene Variante des Integrals: das **unbestimmte Integral.** Für die Probe greifen wir auf das Differenzieren zurück:

Leiten wir die Stammfunktion ab, so erhalten wir den Integranden.

Formal können wir zusammenfassen:

(1) $$\left(\int f(x) \, dx\right)' = f(x)$$

(Vergleichbar etwa mit der Beziehung $(\sqrt{a})^2 = a$, gegenseitige Aufhebung von Rechnungsart und Umkehrung.)

Die Beziehung (1) verwenden wir, um entsprechend der Differentialrechnung folgende Rechenregeln zu bestätigen.

Potenzregel

(2) $$\int x^n \, dx = \frac{1}{n+1} x^{n+1} + C \qquad n \neq -1, \text{ rational}$$

z.B.

1) $\int x^3 \, dx = \frac{1}{4} x^4 + C$

2) $\int x \, dx = \int x^1 \, dx = \frac{1}{2} x^2 + C$

3) $\int dx = \int x^0 \, dx = x + C$

4) $\int \sqrt{x} \, dx = \int x^{\frac{1}{2}} \, dx = \frac{2}{3} x^{\frac{3}{2}} + C = \frac{2}{3} \sqrt{x^3} + C$

Konstanter Faktor

(3) $$\int a \, f(x) \, dx = a \int f(x) \, dx$$

Wir lassen also beim Integrieren den konstanten Faktor a zunächst unberücksichtigt: $\int f(x)\,dx$. Das Resultat dieser Integration multiplizieren wir dann mit dem konstanten Faktor a.

z.B. 1) $\int 7x^3 dx = 7\int x^3\,dx = 7\,(\frac{1}{4}x^4 + C) = \frac{7}{4}x^4 + 7C = \frac{7}{4}x^4 + C^*$

Da 7C ebenfalls eine Konstante ist, schreiben wir dafür C*. (Im Folgenden lassen wir den Stern fort.)

2) $\int -2\,dx = -2\int dx = -2\,x + C$

Summenregel

(4) $$\int (u\,(x) + v\,(x))\,dx = \int u\,(x)\,dx + \int v\,(x)\,dx$$

Wir können also beim Integrieren einer Summe gliedweise vorgehen.

z.B. 1) $\int (3x^3 + x^2)\,dx = \frac{3}{4}\,x^4 + \frac{1}{3}\,x^3 + C$

2) $\int (4x^2 + 2x + 1)\,dx = \frac{4}{3}\,x^3 + x^2 + x + C$

(Die Integrationskonstante C denken wir uns aus den Integrationskonstanten der einzelnen Integrale zusammengesetzt.)

2. Das Integral als Flächenfunktion

Wir wollen uns in diesem Abschnitt überlegen, daß das Integral zur Flächenberechnung herangezogen werden kann. Wir betrachten dazu einen Abschnitt einer durchweg positiven Funktion y = f(x), von der wir zunächst voraussetzen, daß sie stetig ist und für wachsende x nicht abnimmt. Später wird sich herausstellen, daß wir diese Einschränkungen abschwächen können. Dazu definieren wir eine Flächenfunktion F(x), die die Größe der Fläche zwischen folgenden Begrenzungen angibt: „oben" die Kurve der Funktion f(x); „unten" die x-Achse; „links" die y-Achse; „rechts" die parallel zur y-Achse gezogene Gerade (Ordinate), die durch den zum gewählten x-Wert gehörenden Punkt der x-Achse verläuft (s. Abb. 56) Wir sehen, die drei erstgenannten Begrenzungen sind fest, während die letzte mit x variabel ist. Je größer der x-Wert gewählt wird, desto größer ist auch die Fläche und damit F(x).

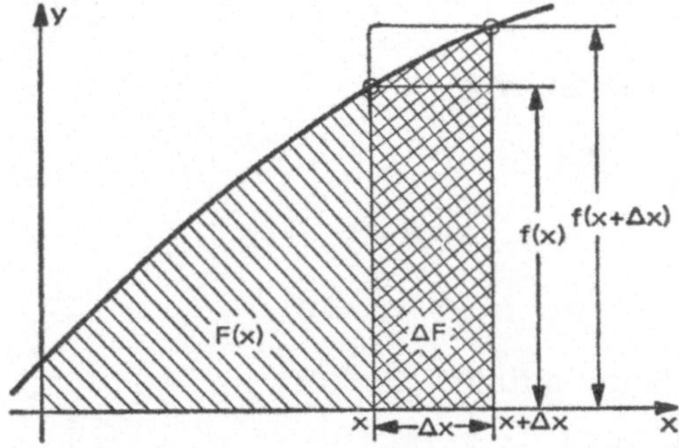

Abb. 56 Flächenfunktion F(x) unter der Kurve von y = f(x)

Wächst z. B. x um Δx, nimmt F(x) ebenfalls zu. Wir nennen den Zuwachs ΔF (siehe Abb. 56). Dieser Zuwachs läßt sich für alle den obigen Voraussetzungen für f(x) entsprechende Funktionen abschätzen. Wir erkennen in der Abb. 56 zwei Rechtecke, beide haben die Grundseite Δx, die Höhe des kleineren ist f(x), die des größeren $f(x + \Delta x)$. Die Größe von ΔF liegt zwischen der Fläche des kleinen und der des großen Rechtecks.

$$\Delta x \cdot f(x) \leqq \Delta F \leqq \Delta x \cdot f(x + \Delta x)$$

$$f(x) \leqq \frac{\Delta F}{\Delta x} \leqq f(x + \Delta x)$$

Lassen wir jetzt Δx gegen Null gehen, so wird

$$\lim_{\Delta x \to 0} \frac{\Delta F}{\Delta x} = f(x)$$

Die linke Seite ist aber der Differentialquotient der Flächenfunktion F(x).

Mithin gilt

$$(*) \qquad F'(x) = f(x)$$

Vergleichen wir die Beziehungen (*) und (1), so folgt

$$F(x) = \int f(x)\,dx$$

Die Flächenfunktion ist also durch Integration der Funktion f(x) zu ermitteln.

Bei diesem Problem können wir stets die anfallende Integrationskonstante bestimmen, da definitionsgemäß (s. Abb. 56)

$$(**) \qquad F(0) = 0.$$

Z. B.

$$f(x) = \frac{1}{2} x + 1 \qquad (x \geqq 0)$$

$$F(x) = \int (\frac{1}{2} x + 1)\,dx$$

$$= \frac{1}{4} x^2 + x + C$$

Setzen wir x = 0, so erhalten wir

$$F(0) = \frac{1}{2} \cdot 0^2 + 0 + C.$$

Wegen (**) ergibt sich

$$C = 0.$$

Die Flächenfunktion lautet mithin

$$F(x) = \frac{1}{4} x^2 + x.$$

Durch Wahl eines x-Wertes erhalten wir jeweils die Größe der anfallenden Fläche

x	0	1	2	3
F(x)	0	1,25	3	5,25

usw.

3. Das bestimmte Integral

Wir erweitern jetzt die Vorstellungen, die wir im vorigen Abschnitt entwickelt haben.

Wir betrachten eine Fläche zwischen Kurve und x-Achse, die nach links von der durch den Wert a auf der x-Achse gezogenen Parallelen zur y-Achse und nach rechts von der durch den Wert b gezogenen entsprechenden Parallelen begrenzt wird (b > a, siehe Abb. 57).

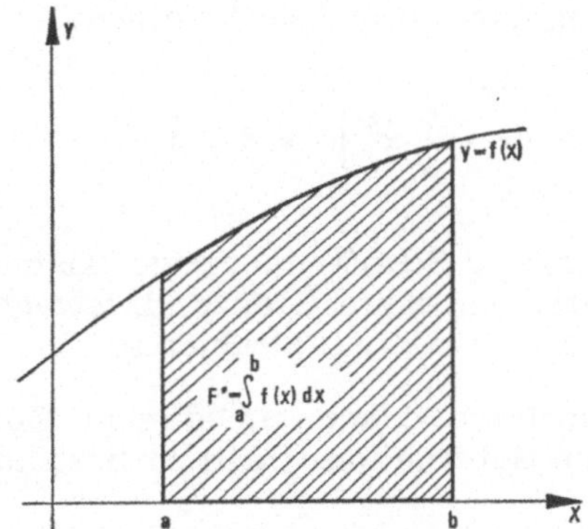

Abb. 57 Fläche zwischen den Grenzen a und b

Wenn wir wieder die im vorigen Abschnitt definierte Flächenfunktion F(x) verwenden, so ergibt sich für die Fläche F* die Differenz

$F^* = F(b) - F(a).$

Da wir die Flächenfunktion durch Integration finden, ist der Prozeß zur Ermittlung der Fläche F* dreistufig:

1. Integration von f(x)
2. Einsetzen der Werte a und b in F(x)
3. Differenzbildung F(b) — F(a)

Entsprechend definieren wir

(5)
$$\boxed{\int_a^b f(x)\, d(x) = F(b) - F(a)}$$

Zum Zeichen, daß nach der Integration a und b eingesetzt werden, schreiben wir die Werte a und b an das Integralzeichen.

a führt den Namen **untere Grenze.**

b heißt **obere Grenze.**

Das Integral, ausgestattet mit oberer und unterer Grenze, nennen wir **bestimmtes Integral.**

Z. B. $\int_1^2 3x^2\,dx$

1. $\int 3x^2\,dx = x^3 + C$
   $F(x) = x^3$, denn $C = 0$
2. $F(1) = 1$
   $F(2) = 8$
3. $F(2) - F(1) = 7$

Der Ablauf der Rechnung kann formalisiert werden:

$$\int_1^2 3x^2\,dx = \left[x^3\right]_1^2 = 8 - 1 = 7$$

Resultat des Integrierens (1. Schritt) in eckige Klammern setzen, obere und untere Grenze dazuschreiben; obere Grenze einsetzen; vom Resultat entsprechendes Resultat aus unterer Grenze subtrahieren.

Auf die Integrationskonstante C kann in diesem Zusammenhang verzichtet werden, da sie durch den Subtraktionsschritt sowieso aus der Rechnung herausfällt.

Z.B.
$$\int_2^4 (x^3 + 1)\,dx = \left[\frac{1}{4}x^4 + x\right]_2^4$$
$$= \frac{1}{4}\quad 4^4 + 4 - (\frac{1}{4}\quad 2^4 + 2)$$
$$= 68 - 6 = 62$$

Aus der Definition (5) folgen jetzt die Rechenregeln:

(6) $$\int_a^b f(x)\,dx = -\int_b^a f(x)\,dx$$

(7) $$\int_a^a f(x)\,dx = 0$$

(8) $$\int_a^b f(x)\,dx + \int_b^c f(x)\,dx = \int_a^c f(x)\,dx$$

Insofern können wir die zu Beginn des Abschnittes 2 getroffenen Voraussetzungen abschwächen. Da die Betrachtungen des Abschnittes 2 ebensogut für nichtsteigende Funktionen gelten, teilen wir die Funktion gemäß (8) nach der Steigung in Abschnitte ein, die mittlere Grenze (b) muß dann im Maximum bzw. Minimum angenommen werden. Deshalb kann die Voraussetzung, nur nichtabnehmende bzw. nichtsteigende Funktionen zu verwenden, entfallen. (Hinsichtlich der Stetigkeit der Funktionen genügt es vorauszusetzen, daß nur endlich viele Unstetigkeitsstellen vorkommen dürfen.)

Beispiele:

1) $$\int_{-1}^{1} x^2 \, dx = \left[\frac{1}{3}x^3\right]_{-1}^{1} = \frac{1}{3} - (-\frac{1}{3}) = \frac{2}{3}$$

2) $$\int_{1}^{2} (x^2 - 4x + 3)\, dx = \left[\frac{1}{3}x^3 - 2x^2 + 3x\right]_{1}^{2}$$

$$= \frac{8}{3} - 8 + 6 - (\frac{1}{3} - 2 + 3)$$

$$= \frac{2}{3} - \frac{4}{3} = -\frac{2}{3}$$

Wir sehen, der Wert dieses bestimmten Integrals ist negativ (das Flächenstück liegt „unterhalb“ der x-Achse). Näheres hierzu erfahren wir im nächsten Abschnitt.

4. Das bestimmte Integral als Grenzwert einer unendlichen Summe

Betrachten wir wieder einen Abschnitt einer durchweg positiven, nicht abnehmenden stetigen Funktion $y = f(x)$.

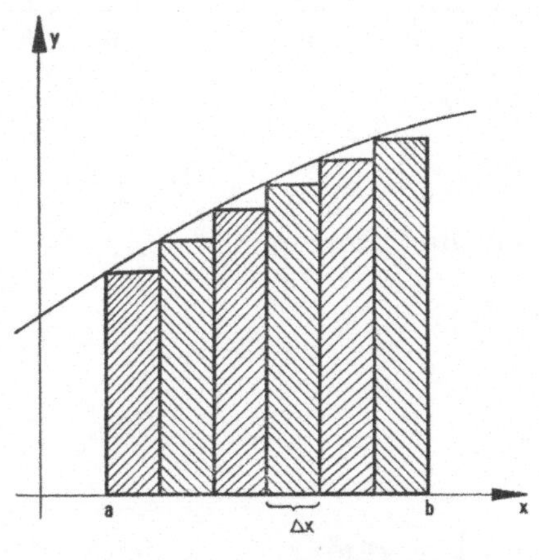

Abb. 58 Untersumme

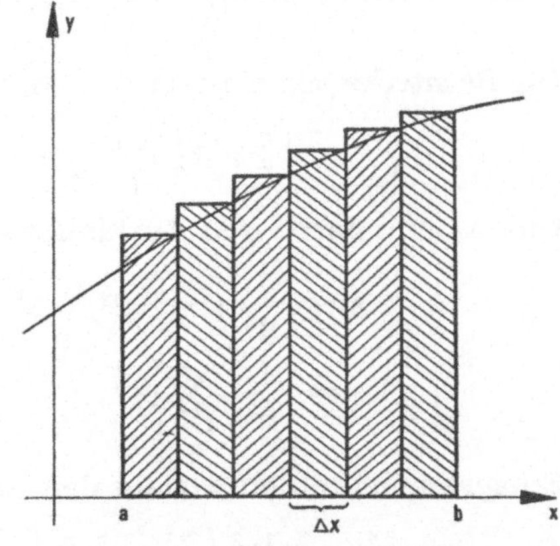

Abb. 59 Obersumme

Die durch das bestimmte Integral $\int_a^b f(x)\,dx$ zu ermittelnde Fläche läßt sich durch das folgende Verfahren approximieren:

1. Wir teilen das Intervall [a, b] auf der x-Achse in n gleiche Teile ein. Jedes Teil hat dann die Länge

$$\Delta x = \frac{1}{n}(b - a)$$

2. Wir ziehen Parallelen zur y-Achse durch die Teilpunkte.

3. Wir bilden Rechtecke, die alle die Grundseite Δx haben. Als Höhen verwenden wir die durch die Parallelen entstandenen Ordinaten der Kurve von f(x).

Es entstehen zwei Arten von Rechtecken: diejenigen, die ganz innerhalb der durch das Integral bestimmten Fläche liegen (siehe Abb. 58) und solche, die mit einer Ecke darüber hinausragen (siehe Abb. 59).

4. Wir addieren die Rechtecke ersterer Art und nennen die Summe *Untersumme* von f(x) im Intervall [a, b] (siehe Abb. 58). Die Rechtecke zweiter Art fügen wir zur entsprechenden *Obersumme* zusammen (siehe Abb. 59).

Dann liegt der Wert des Integrals zwischen den Werten von Unter- und Obersumme. Übereinstimmung von allen drei Werten wird erzielt, falls wir einen Grenzübergang $n \to \infty$ vornehmen. Denn durch schrittweise Verfeinerung der Einteilung des Intervalles [a, b], erreichen wir eine Annäherung in bezug auf die Flächen.

Betrachten wir in diesem Sinne das Integral

$$\int_0^1 x^2\,dx$$

Wir teilen das Intervall [0, 1] in n gleiche Teile ein. Als Abszissen der Teilpunkte (einschließlich Anfangs- und Endpunkt) erhalten wir 0, $\frac{1}{n}, \frac{2}{n}, \frac{3}{n}, \ldots, \frac{n-1}{n}, \frac{n}{n}$

Die Rechtecke der Untersumme haben dann die Größe

$$\frac{1}{n} \cdot 0^2 \;\Big|\; \frac{1}{n} \cdot \left(\frac{1}{n}\right)^2 \;\Big|\; \frac{1}{n} \cdot \left(\frac{2}{n}\right)^2 \;\Big|\; \ldots \;\Big|\; \frac{1}{n} \cdot \left(\frac{n-1}{n}\right)^2$$

Durch Summieren und Ausklammern erhalten wir die Untersumme

$$s = \frac{1}{n^3}\left(1^2 + 2^2 + 3^2 + \ldots + [n - 1]^2\right)$$
$$= \frac{1}{n^3} \sum_{i=1}^{n-1} i^2$$

Entsprechend bilden wir aus den Rechtecken

$$\frac{1}{n} \cdot \left(\frac{1}{n}\right)^2 \;\Big|\; \frac{1}{n} \cdot \left(\frac{2}{n}\right)^2 \;\Big|\; \frac{1}{n} \quad \left(\frac{3}{n}\right)^2 \;\Big|\; \ldots \;\Big|\; \frac{1}{n} \cdot \left(\frac{n}{n}\right)^2$$

die Obersumme

$$S = \frac{1}{n^3}\,(1^2 + 2^2 + 3^2 + \ldots + n^2)$$

$$= \frac{1}{n^3}\sum_{i=1}^{n} i^2$$

Es gilt nun

$$s \leqq \int_1^2 x^2\,dx \leqq S$$

Um den Grenzübergang $n \to \infty$ vollziehen zu können, rechnen wir Unter- und Obersumme mit Hilfe der Formel

$$\sum_{i=1}^{n} i^2 = \frac{1}{6}\,n\,(n+1)\,(2n+1)$$

um.

$$S = \frac{1}{n^3}\cdot\frac{1}{6}\cdot n\,(n+1)\,(2n+1)$$

$$= \frac{1}{6}\cdot 1\cdot(1+\frac{1}{n})\cdot(2+\frac{1}{n}).$$

Da s aus S entsteht, wenn wir den letzten Summand von S streichen, erhalten wir

$$s = S - \frac{1}{n}$$

$$s = \frac{1}{6}(1+\frac{1}{n})\cdot(2+\frac{1}{n}) - \frac{1}{n}.$$

Es folgt

$$\lim_{n\to\infty} s = \lim_{n\to\infty} S = \frac{1}{3}$$

Mithin gilt auch nach dieser Betrachtung

$$\int_0^1 x^2\,dx = \frac{1}{3}$$

Entsprechend kann allgemein vorgegangen werden. Dann ist mit

$$\Delta x = \frac{b-a}{n}$$

(9)

$$\boxed{\lim_{x\to 0}\left(\sum_{i=1}^{n} f\,(a + i\cdot\Delta x)\right)\cdot\Delta x = \int_a^b f(x)\,dx}$$

(Hierbei ist nur die Obersumme betrachtet worden).

Wir sehen, wie in der Differentialrechnung geht auch in der Schreibweise der Integralrechnung die Differenz Δx in das Differential dx über. Aus dem Summenzeichen wird das Integralzeichen, ein stilisiertes S.

Das Integral ist somit eine Summe aus unendlich vielen Summanden infinitisimaler Größe, denn an den Grenzübergang $\Delta x \to 0$ (Verkleinerung des Teilstücks) ist der Grenzübergang $n \to \infty$ (Vergrößerung der Anzahl der Teilstücke) gekoppelt, da die Intervallänge $b - a$ konstant bleibt.

Beispiel

So erhalten wir z. B. mit Hilfe der Formel (9) nach einigen algebraischen Umformungen und dem Grenzübergang $n \to \infty$

$$\int_a^b x^2\,dx = \frac{b^3}{3} - \frac{a^3}{3}$$

Rechnung:

$$S = \frac{b-a}{n} \cdot \sum_{i=1}^{n} \left(a + \frac{b-a}{n} \cdot i\right)^2$$

$$= \frac{b-a}{n} \cdot \sum_{i=1}^{n} \left(a^2 + 2a \cdot \frac{b-a}{n} \cdot i + \frac{(b-a)^2}{n^2} i^2\right)$$

$$= \frac{b-a}{n} \left[\cdot \sum_{i=1}^{n} a^2 + \sum_{i=1}^{n} 2a \frac{b-a}{n} \cdot i + \sum_{i=1}^{n} \frac{(b-a)^2}{n^2} i^2\right]$$

$$= \frac{b-a}{n}\left[n\, a^2 + 2a \cdot \frac{b-a}{n} \cdot \frac{1}{2}n \cdot (n+1) + \frac{(b-a)^2}{n^2} \cdot \frac{1}{6}n\,(n+1)\,(2n+1)\right]$$

$$= (b-a)\left[a^2 + 2a\,(b-a) \cdot \frac{1}{2}\left(1+\frac{1}{n}\right) + (b-a)^2 \cdot \frac{1}{6}\left(1+\frac{1}{n}\right)\left(2+\frac{1}{n}\right)\right]$$

$$\lim_{n \to \infty} S = (b-a)\left[a^2 + a\,(b-a) + \frac{1}{3}(b-a)^2\right]$$

$$= (b-a)\left[a^2 + ab - a^2 + \frac{1}{3}b^2 - \frac{2}{3}ab + \frac{1}{3}a^2\right]$$

$$= (b-a)\left[\frac{1}{3}a^2 + \frac{1}{3}ab + \frac{1}{3}b^2\right]$$

$$= \frac{1}{3}b^3 - \frac{1}{3}a^3$$

Nun können wir uns auch erklären, warum ein Flächenstück, das unterhalb der x-Achse liegt (siehe d. Beispiel weiter oben), negativ in die Rechnung eingeht, vorausgesetzt, daß die obere Grenze b größer als die untere Grenze a ist (siehe Rechenregel 6). Der Grund besteht darin, daß alle Rechtecke als Höhe eine negative Ordinate haben. Deshalb sind alle Summanden von Ober- und Untersumme negativ, denn Δx ist größer als Null, falls b größer als a angenommen wird. Mithin sind Ober- und Untersumme in diesem Fall negativ,

z. B. $\int_1^2 -3x^2\,dx = [-x^3]_1^2 = -8-(-1) = -7$

Durchsetzt die Kurve zwischen oberer und unterer Grenze die x-Achse, so ergeben sich durch Integration sowohl positiv als auch negativ bewertete Flächen, die sich unter Umständen sogar aufheben können.

z.B. $\int_0^2 (x^3-3x^2+3x-1)\,dx = \left[\frac{x^4}{4} - x^3 + \frac{3}{2}x^2 - x\right]_0^2$

$= 4 - 8 + 6 - 2 = 0$

5. Übungen:

1. Welche Stammfunktionen gehören zu den angegebenen ersten Ableitungen?

   a) $y' = 6x^2 + 4x + 1$ b) $y' = \frac{1}{2}\sqrt{x}$

2. Berechnen Sie die unbestimmten Integrale!

   a) $\int(2x^3 - 3x^2 + 4x - 1)\,dx$ b) $\int\left(\frac{1}{x^2} + \frac{1}{x^3}\right)dx$

3. Berechnen Sie die bestimmten Integrale!

   a) $\int_0^1 (5x^4 + 2x)\,dx$ b) $\int_{-1}^2 (10x^4 + 3x^2)\,dx$

4. Zeichnen Sie folgende Flächenstücke und berechnen Sie die zugehörigen Flächeninhalte!

   a) linke Begrenzung $x = 0$ (y-Achse)
   rechte Begrenzung $x = 2$
   untere Begrenzung $y = 0$ (x-Achse)
   obere Begrenzung $y = -x^2 + 2x + 2$

   b) wie a), nur: obere Begrenzung $y = x^2 - 2x + 2$

   c) untere Begrenzung $y = x^2 - 2x + 2$
   obere Begrenzung $y = -x^2 + 2x + 2$

Lösungen der Übungen VIII. 9

a) 1) $y' = -3(1-x)^2$; 2) $y' = 2\,(4x-1)\,(2x^2 - x)$

b) 1) $y = -\sqrt{x}$; 2) $y' = \dfrac{1}{2\sqrt{x}}$ 3) $y' = \dfrac{x}{\sqrt{x^2+1}}$

c) 1) $y = -x + 1$; 2) $y = \dfrac{1}{x}$ 3) $y = -\dfrac{3}{x} + 1$

4) $y = -\dfrac{1}{2}x + 1$

Lösungen der Übungen VIII. 11

a) 1) $\dfrac{\partial z}{\partial x} = 2x + 2y$

2) $\dfrac{\partial z}{\partial y} = 2x + 3y^2$

3) $\dfrac{\partial^2 z}{\partial x^2} = 2$

4) $\dfrac{\partial^2 z}{\partial y^2} = 6y$

5) $\dfrac{\partial^2 z}{\partial x \partial y} = \dfrac{\partial^2 z}{\partial y \partial x} = 2$

b) Nach Gleichung II ($\dfrac{\partial G}{\partial b} = 0$)

$$a\,\Sigma x_i + b \cdot n = \Sigma x_i$$

gilt (bei Divison durch n)

$$a \cdot \frac{1}{n}\,\Sigma x_i + b = \frac{1}{n}\,\Sigma y_i$$

d. h. $a \cdot \bar{x} + b = \bar{y}$

c) $y = 0{,}21x + 4{,}7$

Lösungen der Übungen IX. 5

1a) $y = 2x^3 + 2x^2 + x + c$ b) $y = \frac{1}{3}\sqrt{x^3} + c$

2a) $\frac{1}{2}x^4 - x^3 + 2x^2 - x + c$ b) $-\dfrac{1}{x} - \dfrac{1}{2x^2} + c$

3a) 2 b) 75

4a)

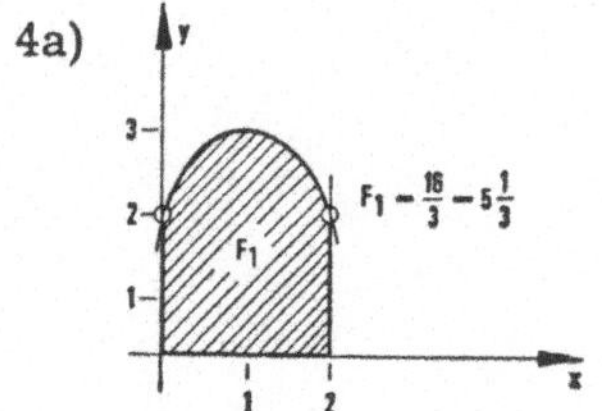

b)

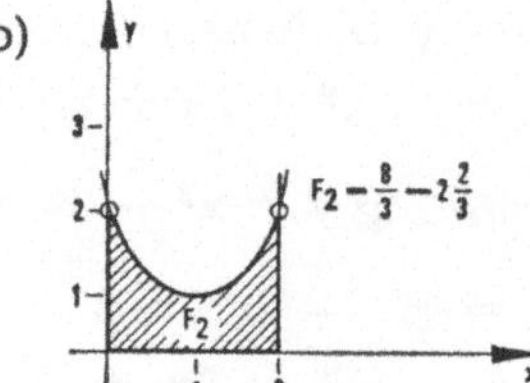

c)

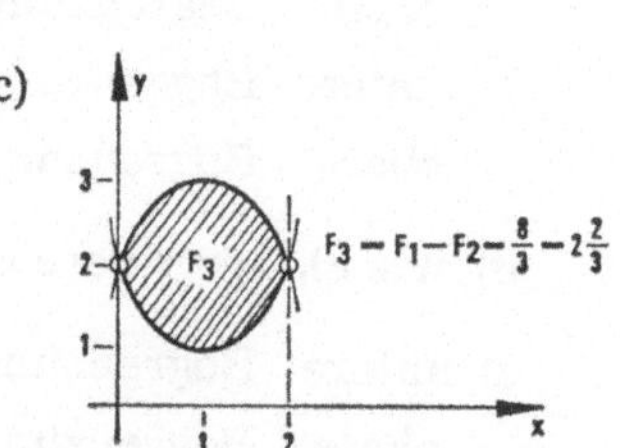

Literatur
zur Vertiefung und Weiterbildung

Wetzel, Skarabis, Naeve: Mathematische Propädeutik für Wirtschaftswissenschaftler.

Jaeger/Wenke: Lineare Wirtschaftsalgebra.

Kemeny, Schleifer, Snell, Thomson: Mathematik für die Wirtschaftspraxis.

Müller-Merbach: Operations Research.

Sachregister